독도해녀

1950년대 독도어장을 지킨
독도해녀 이야기

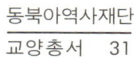

독도 해녀

| 김수희 지음 |

간행사

　우리나라를 둘러싼 동북아 지역의 역사 갈등은 여전히 한창이고, 점차 심화되고 있습니다. 우리 동북아역사재단은 2006년에 동북아 지역의 역사 갈등을 미래지향적으로 해결하고, 나아가 역내 평화체제를 구축하려는 목적으로 출범하였습니다. 이때는 항상 제기되고 있던 일본의 역사 왜곡에 더하여 고구려, 발해 역사를 둘러싸고 중국과 역사 분쟁이 일어났습니다.

　한국과 일본 사이의 역사 문제는 19세기 말 일제의 침탈과 식민지배 때부터 있어 왔습니다. 지금도 일제의 식민지배에 대한 진정한 사죄와 일본군'위안부' 문제, 강제동원과 수탈, 독도영유권 등을 둘러싸고 논쟁과 외교 마찰이 일어나고 있습니다.

　중국은 개혁·개방 이후 급속한 경제발전을 이루면서 체제를 안정시키고 선린외교에 주력하였으나, 주변국과의 관계에서 주도권을 잡고자 하는 과정에서 자연스럽게 역사 문제를 둘러싸고 이웃과 대립하게 되었습니다. 그중 동북3성 지역의 역사에 대해서는 이른바 '동북공정'을 통하여 중국 영토 안에서 일어났던 역사를 모두 자기 역사 속에 편입하고자 함으로써 우리의 고대사 고조선, 부여, 고구려, 발해 등와 충돌하게 되었습니다.

우리 재단은 이런 역사 현안을 우리 입장에서 연구하면서, 다른 한편으로 우리 국민이나 다른 나라 사람들이 우리의 연구 결과를 같이 공유하고, 이를 쉽게 알 수 있도록 교양 수준의 책을 출간하게 되었습니다. 한·중·일 역사 현안인 독도, 동해 표기, 일본군'위안부', 일본역사교과서, 야스쿠니신사, 고조선, 고구려, 발해 및 동북공정 관련 주제로 우리 재단 연구위원을 중심으로 재단 외부 전문가들로 필진을 구성하였습니다.

모든 국민이 이 교양서들을 읽어 역사·영토 현안을 올바르게 인식하고 나아가 우리가 동북아 역사 갈등을 주도적으로 해결하여 평화체제를 이룩하는 데 주역이 되기를 바랍니다.

동북아역사재단
이사장

들어가며

영토주권의 상징, 독도해녀

　우리나라 해안에는 많은 해녀가 있지만 독도해녀는 독도의 용수비대와 함께 독도 수호의 상징이자 매우 특별한 존재로 전해지고 있다. 독도에 처음부터 해녀들이 활동했던 것은 아니다. 독도는 동해의 험한 파도를 이겨내는 만큼 어장이 풍요로워 어민들에게 큰 기쁨을 주었다. 풍요로운 독도 어장에 대한 소문이 점차 육지 해안가로 퍼지자 해녀들이 하나둘씩 독도로 도항하기 시작했다.
　독도 어장의 풍요로움은 일본도 이미 알고 있었다. 해방 후 일본 순시선은 하루가 멀다고 독도에 침입하여 한국 어민들을 쫓아내려 하였다. 패전한 일본은 제3국과의 교전권이 없는 상황에서 독도에 일본령 표주를 설치하고, 한국 어민들을 불법 심문하며 야욕을 드러냈다. 그때마다 독도의용수비대와 독도해녀들은 독도 어장 수호 의지를 드높였다. 일본이 야욕을 드러내며 계속해서 독도를 침입하자 독도의용수비대와 한국 정부는 무력으로 제압하며 쫓아냈다. 독도는 독도의용수비대와 독도해녀들의 활동으로 한국 어민들의 보물섬으로, 한국인들의 삶의 공간으로 이어지고 있다.

독도 수호의 역사는 울릉도 청년들의 순수한 애국심에서 시작한 독도의용수비대의 활약이 대부분이다. 독도의용수비대는 독도에 대한 경비가 이루어지지 않던 한국전쟁 당시 일본의 침입에 맞서 울릉도 주민들이 조직한 민간단체이다. 이들은 독도를 지켜야 한다는 사명감 하나로 독도의용수비대를 조직하고 일본의 10여 차례 침입을 격퇴하며 조국의 영토를 수호하였다. 정부는 독도의용수비대의 영웅적 활동을 높이 평가하고, 법률을 지정해 기념관을 설립하는 한편, 이들을 선양하는 연구와 행사를 다양하게 진행하고 있다.

그러나 독도의용수비대의 독도 주둔 시기1953. 4. 20~1956. 12. 30에 활동한 독도해녀에 대해서는 독도의용수비대의 '도우미'로만 인식할 뿐 이들이 어떻게 독도 어장을 개척하고 이용했는지에 대한 연구가 이루어지지 않았다. 당시 독도의용수비대는 독도 수호에 필요한 경비를 마련하기 위해 해녀들을 모집하여 미역 어장을 경영하였다. 이 때문에 '미역채취단'이라는 비난을 받기도 했지만 독도를 한국인이 살아가는 공간으로 개척한 공로를 결코 잊어서는 안 된다.

주지하듯이 일본 순시선의 침입에 맞서 독도 어장을 사수하려는 울릉도 어민들의 노력이 독도 수호의 계기가 되었다. 그러나 이들은 어장의 가치를 잘 알고 있었기에 독도를 경비하면서 어장 확보를 위해 적극적으로 노력하였다. 이 책에서는 일본의 독도 침탈에 적극 대응한 정부의 노력과 독도의용수비대를 비롯한 울릉도 주민들이 독도를 활용한 점에 주목해 1950년대 독도 어장의 가치와 독도의용수비대의 어장 경영을 해녀어업을 통해 밝히려 한다.

독도의용수비대의 독도 수호 정신은 높이 평가되고 있으며 이들의 활동을 기념하고 있지만, 독도의용수비대의 진위 논쟁은 계속되고 있다. 또한 독도의 최초 주민 최종덕의 삶과 활동에 대한 평가도 여전히 남아 있는 과제가 있다. 이들과 관련해서는 아직까지 살아계신 분들이 많고, 독도라는 공간에 한정되어 있으며, 시간적으로도 멀지 않았음에도 이들의 구술을 모아 연구하려는 노력은 거의 없었다.

독도의 현대사는 독도를 지킨 민중의 활동으로 실효적 지배가 강화되었기 때문에 어민들의 구술 자료 확보는 곧 역사에 생명력을 불어넣는 것이다. 독도에서 일어난 주요 사건과 역사의 흐름에서 울릉도 주민들과 독도해녀들의 미시사(微視史)는 역사 연구의 전제가 된다. 구술사는 경험과 기억의 장치를 통과하여 특정한 정치적 이념에 의해 기록된 역사가 아니며, 이론적 틀에 맞게 쓰인 것도 아니다. 그렇기 때문에 이들의 기억을 객관적 자료로 만들어 사료로 끌어올리는 작업은 독도 연구에서 반드시 필요한 영역이다.

이 책에서는 1950년대 독도에 간 해녀들의 구술을 기록하였다. 이들의 삶 자체가 역사이며, 이들의 생애를 기록하는 것이 역사를 새롭게 발굴하는 것이다. 필자는 1950년대 이후 독도에 간 제주도 한림읍 협재해녀 열 명과 제주도 구좌읍 하도리 해녀 네 명의 생존 여부를 확인하고, 이들의 구술을 자료화하여 연구를 진행하였다. 시간이 지나면 기억이 흐려지고, 독도의 역사적 사실과 증거들은 인멸된다. 시급히 독도의 실효적 지배에 관여했던 사람들의 구술을 체계화하여 독도의 현대사를 역사적 연구로 전환할 필요가 있다.

독도해녀들의 생활은 단순했다. 벼랑에 천막을 치고, 동굴에서 솟아나는 물을 마시며 몽돌해변에 가마니를 깔고 생활하였다. 수십여 명의 해녀가 온종일 미역을 채취하고 말렸다. 독도 생활은 누가 잠수 기술이 뛰어난가, 누가 채취를 많이 하는가, 누가 나이가 많은가 하는 구별이 없었고, 경쟁도 없었다. 아침에 해가 뜨면 함께 식사하고, 함께 바다로 나가고, 함께 잠을 잤다. 모든 생산물을 공평히 나누는 공동생활이었다.

독도의 풍요로운 바다가 해녀들을 유인해 어업 공간을 제공함으로써 원시인들의 삶이 독도 어장에서 재현되었다. 독도해녀들은 '물소중이'라는 간단한 무명옷을 입고 온종일 미역을 채취하면서 독도의 신령이 풍요로운 미역 어장과 마실 물을 내어주고 안전하게 지켜주는 독도가 한국 땅이라고 말한다. 독도 바다는 수시로 변했고, 태풍이 몰아쳤고, 높은 파도가 목숨을 위협했지만 해녀는 독도 신령의 보호로 단 한 번의 사고도 겪지 않았다. 독도해녀들은 지금도 풍요로운 어장을 떠올리며 행복해하다가도 일본 순시선의 위협에 치를 떤다. 그러면서 텔레비전에서 본 독도의 어민 숙소에 꼭 한 번 가보고 싶다고 눈시울을 적셨다.

   마지막으로 독도 수호에 매진한 독도해녀와 독도의용수비대, 독도어민들에게 감사의 뜻을 전한다.

2023년 12월 5일
독도재단 중흥로에서 김수희

차례

간행사 4
들어가며　영토주권의 상징 독도해녀 6

제1장 한국의 해녀는 누구인가?

해녀는 누구인가? 17
물질 노동복 '물소중이'와 고무옷 21
제주해녀, 유네스코 인류무형문화유산 등재 25
제주도 협재마을 울릉도출어부인기념비 28

제2장 해방 후 독도의 아픈 역사

일본인의 침입과 '조상 전래'의 어장 36
한국 정부의 독도 조사와 영유권 확인 작업 46
일본 순시선의 독도 침입과 독도의용수비대 52
1954년 일본 꽁치 수산 시험선의 독도 상륙기 68
〈부록〉「일본해의 초점, 독도 상륙기 日本海の焦點 竹島上陸記」
（『니혼카이신문 日本海新聞』, 1954년 6월 3일) 74

제3장 바닷말류 숲의 독도 어장과 어업 행정

바닷말류 숲이 발달한 독도 어장 85
세계 최대의 미역 생산국, 한국 92

울릉도 어장의 입어 관행과 독도 어장	97
독도 어장의 어업 행정	109
물이 있는 섬, 독도	119

제4장 독도 어장을 개척한 제주해녀

독도 어장을 개척한 제주해녀	134
〈부록〉 독도해녀 박옥랑의 어업 일기	148
1954년 홍순칠 대장의 독도 입도	169
홍순칠 대장의 해녀 모집과 어장 경영	174
독도 전주와 해녀의 수익 배분	186

제5장 해녀의 독도 생활사

물골 위의 간이주택	198
강치 어장과 독도의용수비대	207
해녀와 독도의용수비대	217
독도의 신령과 즐거움	230

| 참고문헌 | 234 |
| 찾아보기 | 237 |

제1장

한국의 해녀는 누구인가?

해녀는 누구인가?

　우리의 몸은 물로 이루어졌고, 물을 마시지 않으면 살 수 없다. 갓 태어난 아기가 물에 들어가면 숨을 멈추고 팔과 다리를 휘젓는다. 아기의 헤엄치는 모습은 물고기의 움직임처럼 편안해 보인다. 인간의 원초적인 몸짓은 헤엄이다. 무의식의 몸짓이다. 인간은 바다에서 먹이를 찾기 위해 물질을 했고, 물질은 바다의 문화가 되었다. 바다에서의 물질은 의식의 몸짓이며 생산의 몸짓이었다.

　물질의 역사는 인간이 바다에서 각종 어패류와 해조류, 어류 등을 포획하면서 시작되었다. 인류가 식량자원으로 조개류를 포획한 것은 약 30만 년 전으로 추정되며, 전 세계적으로 조개무지가 출현한 것은 약 20만 년 전이다. 원시인들은 조개, 굴, 소라, 전복 등을 포획해 먹다 버렸고 그 생활 유적이 조개패총貝塚으로 남아 우리나라 전국 해안가에서 발견되었다.

한국 물질 어업의 역사적 기원은 제주해녀에서 찾을 수 있다. 한국 전통사회에서는 전복, 홍합, 해삼 등 각종 패류와 미역, 다시마 같은 해조류를 즐겨 먹었지만 누가, 어떤 방식으로 조달했는지에 대한 연구가 거의 없다. 다만 조선시대에 전복과 같은 패류를 제주해녀가 포획하였고 미역과 다시마는 동해안과 남해안에서 남성들이 배 위에서 긴 장대로 채취했다는 사실이 밝혀졌다. 제주도가 한반도의 물질어업을 가장 오랫동안 유지해 왔고 발전시킨 것은 자명한 사실이다.

전 세계 나잠裸潛어업은 한국, 일본, 그리스, 남태평양 투아모스, 호주 등 여러 곳에서 나타나는데 남녀 성별 구분이 없으나 국가별·시대별로 다르게 인식되었다. 한국과 일본에서는 미역, 우뭇가사리와 같은 해조류를 여성이 담당하였으나 그리스, 남태평양, 호주 등지에서는 남성만 나잠어업에 종사했다. 한국의 나잠어민은 전복과 해조류 뿐 아니라 작살로 문어나 물고기를 잡는 등 일반 어민과 같은 어로 활동을 하였다. 현재 진주나 해면을 캤던 그리스, 남태평양, 호주의 나잠어민은 스쿠버 장비를 이용한 잠수부로 전환되었고 한국과 일본에서는 스쿠버 장비를 사용하지 않는 마을 어장연안의 수심 15m에서 전복과 미역 등을 채취 또는 포획하고 있다. 따라서 한국 수산어업법에서는 나잠어업이라 하면 산소 공급장치 없이 맨몸으로 잠수해 해산물을 채취하는 어민들을 해녀海女라고 부른다.

〈그림 1-1〉 1920년대의 남제주 대정리 해녀(상), 남제주 오조리 해녀(하)
(「유리판소장」 국립박물관 소장)

〈그림 1-2〉 1920년대의 북제주 명월리 해녀(「유리판소장」 국립박물관 소장)

물질 노동복 '물소중이'와 고무옷

2021년 3월 해양수산부는 제주도 해녀어업, 보성 뻘대어업, 남해 죽방렴어업과 함께 경상북도 '떼배 돌미역 채취어업'을 제9호 국가중요어업유산으로 지정했다. 동해안의 대표 어업으로 선정된 돌미역 채취어업은 통나무를 엮어 만든 떼배를 이용해 배 위에서 긴 대나무에 낫을 달아 미역을 채취하는 방식으로 지금도 동해안 울진과 울릉도에서 행해지고 있다. 직접 물에 들어가 미역을 채취하는 나잠어업과 비교하면 비능률적이고 비경제적이지만 동해안에서 수백 년간 이어져 내려온 전통적인 바다 자원 관리 방식이다.

일제강점기 조선총독부가 펴낸 『수산편람水産便覽』에는 해조류 채취 방식을 나잠裸潛, 간권干捲, 겸鎌, 예채刈採, 예취刈取 등으로 구분하였는데 나잠은 물속에 직접 들어가는 물질어업, 간권은 장대를 이용해 미역을 틀어서 채취하는 트릿대어업,

그리고 겸·예채·예취는 낫을 이용해 미역을 베는 낫대어업이다. 대체로 경남·경북·충남은 장대를 이용하는 트릿대를, 함경도·강원도·경북은 낫을 이용하는 낫대 방식을 사용했다. 물속에 직접 들어가 미역을 채취하는 곳은 제주도뿐이다.

우리나라의 해안도로를 걷다 보면 검은색 고무 잠수복을 입은 해녀가 물 위에 띄워 놓는 두렁박과 망사리를 메고 바다로 가는 모습을 볼 수 있다. 옛날 해녀들은 광목으로 만든 잠수복을 입고 입수했기 때문에 20~30분 정도 물질을 할 수 있었다.

〈그림 1-3〉
해녀의 물소중이(요시다 케이이치, 1954, 『조선수산개발사』)

제주에서는 이 해녀복을 '물소중이', '물옷'이라며 어업에 필요한 소중한 해녀복으로 인식하였으나, 경북에서는 '잠비'라고 하였다. '잠비'는 물에 들어갈 때 해녀가 갖추어 입는 '장비'라는 뜻인데 '일을 할 때 장비를 갖추어 입는다'는 노동의 개념을 적용하였다.

1970년대 초 산업 발달과 함께 고무 잠수복이 도입되어 해녀들은 효율적으로 장시간 작업할 수 있게 되었다. 신체 온도를 유지시켜 주는 고무 잠수복은 신체 모든 부위를 고무로 감

〈그림 1-4〉
현대의 고무옷(해녀박물관 소장)

싸는 구조로 되어 있어 몇 시간이나 잠수 활동이 가능하게 했고 해녀의 직업의식을 강화시켰다. 경북 영덕군 축산면 경정리의 김 해녀는 재래식 해녀복을 입었을 때는 "내가 물에서 하는 게 자꾸 위축되고 뭐 그래. 남한테 천대받는 것 같고, 돈 벌어도 뭐 물에서 한 건데"라며 여성으로 온 몸이 다 드러나는 신체 활동을 부끄러워했다. 그러나 고무 잠수복을 입고 나서부터는 그러한 생각이 없어졌다고 했다. 열세 살부터 물질을 시작한 영덕읍 창포리의 김 해녀도 고무 잠수복을 착용한 후부터 물질에 대한 거부감이 사라졌다고 한다.

  고무옷은 여성의 수치심을 없애주었고 장시간 어로 활동은 생산성 증가로 이어져 한국 나잠어업을 발전시키는 계기가 되었다.

제주해녀, 유네스코 인류무형문화유산 등재

해녀들은 봄에 미역, 문어, 보라성게, 해삼, 전복, 여름에는 우뭇가사리, 가을에는 말똥성게와 해삼 등을 채취한다. 성게는 일본으로 수출하는 효자 상품으로 채취와 가공, 판매까지 전 과정을 해녀가 담당하므로 해녀의 일상은 언제나 바쁘다.

가장 바쁜 계절은 미역을 채취하는 봄철이다. 4~5월경 해안가와 방파제 방파제 인근 건조대에는 한 올 한 올 겹쳐 넓적하게 만든 미역을 볼 수 있다. 이 미역은 돌에 붙어 자라는 미역을 낫으로 베어 온 것으로 자연산 돌미역이다. 해녀들은 고무 잠수복을 입고, 물안경을 쓰고, '나바리'라는 무거운 납을 허리춤에 차고, 물속을 쉼 없이 오르내리며 미역을 따고 망사리에 가득 채운다. 미역 채취부터 건조까지 모든 작업을 혼자서 직접하므로 해녀의 일상은 언제나 바쁘다.

해녀는 수산어업상 나잠어업인으로 분류되며 본인이 거주

〈그림 1-5〉 방파제 주변에서 미역을 말리고 있는 해녀들

하는 기초지방자치단체에 어업 신고를 한다. 2017년 기준 나잠어업인은, 제주도가 3,985명으로 가장 많고, 그다음으로 경상북도 1,593명, 울산광역시 1,474명, 충청남도 1,310명, 전라북도 611명, 부산광역시 938명, 경상남도 598명, 강원도 371명, 전라남도 370명, 인천광역시 306명 순으로 전국에 총 1만 1,556명의 해녀가 등록되어 있다.

　1960년대 중반까지 제주도에서만 약 2만 명 이상의 해녀가 있었다. 이후 해녀가 급감하여 2006년에는 해녀를 '사라질 위기에 처한 공동체'로 규정하며 해녀 문화 가치 정립을 위한 기록화 사업을 진행하는 한편, 조례 제정을 통해 지속적이고 체계적인 지원 사업을 추진하였다. 그 결과 2009년 「제주특별자치도 해녀 문화 보존 및 전승에 관한 조례」, 2012년 「제주특별자치도 해녀 문화콘텐츠사업 진흥 조례」 등을 제정했으며, 2015년에는 제주도 해녀어업이 제1호 국가중요어업유산으로 지정하였다. 더욱이 2016년에는 유네스코가 제주해녀의 어업문화를 세계적 가치가 있는 인류무형문화유산으로 등재함에 따라 제주해녀의 위상이 높아졌다.

유네스코는 제주도에서 발달한 해녀문화의 어업공동체가 맨몸으로 물질하는 자연친화적인 물질 방법, 바다에 대한 풍부한 지식과 경험, 해녀 공동체 문화 등을 미래사회의 지속가능한 발전 모델로 평가해 인류문화유산으로 인정한 것이다.

해녀어업는 자연과 공존하는 삶이다. 해녀는 아무런 장비 없이 바다 깊이 잠수해 해산물을 채취한다. 해녀의 몸과 머릿속에는 바닷속 지형과 해산물 서식처, 생태 환경에 대한 지식 등이 각인되어 있다. 해녀 문화는 인류 모두의 상징과 가치를 반영하는 해양 문화로 제주도뿐만 아니라 인류의 미래를 상징하는 어업공동체문화로 인정받고 있다.

제주도 협재마을
울릉도출어부인기념비

　해녀의 일터는 마을 어장이다. 어촌주민들이 관행적으로 이용하고 관리하던 마을 어장은 마을의 공동재산이며, 공동의 책임으로 관리되는 해녀의 일터이다. 해녀는 마을 주민의 일원으로 마을에 공동의 의무를 가지고 있어 책임을 다해야만 어장을 사용할 수 있다. 따라서 해녀의 공동체 어업은 어장 이용을 근거로 어업공동체가 형성되어 해녀의 어업 시기, 생산물 종류, 판매 방법 등 어업에 관련된 제반 사항을 함께 논의하고 처리했다. 해녀들은 언제나 함께 물질을 했고, 마을의 대소사에도 적극적으로 참여하며 공동체사회를 구성하였다.

　해녀공동체사회는 다양한 사안을 관례에 따라 의결하고 해결하였다. 한국의 농촌사회에서는 유교적 관례에 따라 남성들이 의사 결정을 하고 행사권을 행사했지만 제주도의 해녀사회에서는 바다를 중심으로 한 어촌질서가 형성되어 마을의 의

사결정권은 해녀들이 행사하였다. 해녀들은 마을을 위한 공공자금을 마련해 도로를 정비하고, 학교 건물을 짓고, 경로잔치를 하였다. 또 장학금을 내 학생들을 길러냈다.

제주시 한림읍 협재리 복지회관 앞에는 울릉도출어부인기념비가 세워져 있다. 이 기념비는 마을 주민들이 독도로 출어한 해녀들의 거룩한 뜻을 새겨 세운 비석으로 나눔을 실천하는 해녀들의 정신을 기린 것이다. 스무 살 꽃다운 아가씨들이 먼 타향의 잘 곳도 없고, 쉴 곳도 없는 험한 곳에서 목숨과 맞바꾸며 번 돈을 고향을 생각해 기부했기에 마을 주민들이 그 마음을 영원히 잊을 수가 없어 비석을 세웠다. 4·3사건과 6·25전쟁으로 가족이 뿔뿔이 흩어지고, 가난하고 고달픈 상황에서도 독도해녀들은 마을사람들을 잊지 않고 공공기금을 마련해 기부하였다.

독도로 건너간 해녀들이 마을에 공공기금을 기부했다는 것은 해녀사회의 전통적 관행이 아니었다. 해녀의 어업 활동은 남에게 기부할 정도의 수익금이 되지 않았고 해녀가 스스로 어장을 개척해 번 수익금이었기 때문에 마을 기금으로 사용되지 않았다. 그러나 독도로 간 서른일곱 명의 해녀들은 모두 자신의 수익금에서 돈을 내어 마을에 기부하였다.

이에 1956년 7월 협재부인회는 고맙고 갸륵한 감사의 마음을 담아 울릉도출어부인기념비를 세웠다. 이 비석은 가로

비석 전면

비석 후면

비석 좌면

비석 우면

〈그림 1-6〉 울릉도출어부인기념비

29~32.5센티미터, 세로 72.5센티미터, 폭 13센티미터 크기로 전면에는 「울릉도출어부인기념비」라고 쓰고 후면에는 독도로 출어한 해녀 서른일곱 명의 이름과 좌면에는 울릉도에서 고생해서 번 돈을 기부한 그들의 마음을 영원히 잊지 않겠다는 글을 새겼다. 머나먼 울릉도·독도에서 고생하면 번 돈을 서슴없이 내어준 해녀에 대한 마을 주민의 감사한 마음이었다.

전면
울릉도출어부인기념비

후면
고츈죽, 홍생낭, 홍츈화, 홍남선, 리정수, 김순하, 정유순, 홍여순, 리계생, 장순효, 김정낭, 홍선숙, 홍순자, 박애자, 홍금선, 고임순, 박옥낭, 홍선정, 김윤하, 양복녀, 림복녀, 장부자, 장정낭.
재향부인(협회), 홍정낭, 윤종신, 장덕순, 고렬죽, 임병귀, 고유길, 박춘화, 강행인, 양묘츌, 문복순, 리경필, 김영순, 홍명화, 고창범.

좌면
客苦風霜 객고풍상, 객지에 나가 고생하면서도

愛鄕捐金애향연금, 고향을 사랑하여 돈을 내놓았으니

誠心誠意성심성의, 성실한 마음과 정신한 뜻을

永世不忘영세불망, 영원토록 잊지 않으리

우면

단기 四二八九(1289)년 七월 일 협재리대한부인회 근슈

  이 기념비는 1956년 독도의용수비대가 독도에 주둔한 시기에 건립되었다. 1953년경 협재해녀의 울릉도 도항이 시작되면서 대장 홍순칠은 제주도에서 직접 해녀를 데려왔고, 이것이 계기가 되어 울릉도출어부인기념비가 건립된 것이다. 이 기념비는 제주도 해녀마을에 건립된 해녀공덕비 중 하나로 알려져 왔으나 최근 독도에서 활동한 해녀 연구가 진척됨에 따라 독도를 지켜낸 33인의 독도의용수비대 영웅과 함께 독도를 실효적으로 지배한 독도해녀의 기록이 되었다. 2005년 국가가 독도를 지킨 독도의용수비대의 공헌을 법률로 정해 그 정신을 기린 것처럼 제주도 협재리 사람들은 1956년 독도 어장을 개척하고 수호한 해녀들의 이름을 역사에 아로새긴 것이다.

제2장

해방 후 독도의 아픈 역사

해방 직후 동해안 어민들은 독도 어장으로 진출해 활발한 어업 활동을 전개하였다. 독도 어장은 미역 어장인 동시에 한국 최고의 오징어 어장으로 동해안 어민들에게 관심의 대상이었다. 1946년 6월 22일 연합국 최고사령부가 독도에 일본 어민이 대거 진출할 것을 예상해 일본인의 어업 범위를 결정한 각서 제1033호, 일명 '맥아더라인'을 선포해 일본인들의 독도 진출을 금지하였다. 이후 일본의 요구에 따라 독도 기점이 12해리에서 3해리로 축소되었지만 독도가 일본수역에 포함된 적은 없었다.

〈그림 2-1〉 연합국 최고사령관 각서 SCAPIN 제677호

일본인의 침입과 '조상 전래'의 어장

　연합국 최고사령관 총사령부GHQ: General Headquarter's Supreme Commander for the Allied Powers는 1946년 1월 29일 자 연합국 최고사령관 지령SCAPIN 제677호1946.1.29.에서 「일본으로부터 특정 외곽 지역을 통치상 및 행정상 분리하는 것에 관한 각서」를 발행하여 일본 정부에 '일본 국외의 모든 지역'에 대한 정치상·행정상 권한 행사를 중지하도록 명령하였다. 그리고 연합국 최고사령부는 1946년 6월 22일 자 연합국 최고사령관 지령SCAPIN 제1033호 「일본의 어업 및 포경업 허가구역에 관한 각서」 제3항 '일본의 선박 및 선원은 독도로부터 12마일 이내에 접근해서는 안 되며, 또한 이 섬과의 일체 접촉은 허용하지 않는다'라며 일본인의 독도 접근을 금지하고, 일본령에서 독도를 분리하였다. 이 지령은 포츠담 선언 및 항복 문서 규정을 실행하기 위해 연합국 최고사령관이 일본 정부에 보낸 문서이다.

〈그림 2-2〉
해방 후 최초의 독도 보도
(『대구시보』, 1947.6.20.)

이에 따라 일본 정부는 시마네현 관할 구역에서 독도 어장을 제외하였고, 시마네현은 현령 제49호1946.7.26.를 통해 「시마네현 어업 단속 규칙島根縣漁業取締規則」에서 독도 및 강치어업에 관한 항목을 삭제하였다. 해방 후 일본과 시마네현은 일본 행정구역과 어장에서 독도를 제외하였다.

그러나 독도에서는 일본인 침입에 의한 총격 사건이 발생하고 있었다. 1947년 『대구시보』는 「왜적 일인의 얼빠진 수작」 기사에서 '시마네현島根縣 사카이항境港 거주 일본인이 독도 어장에 침범, 울릉도 어선에 총격을 감행'했다고 최초로 보도했다. 이 사건은 해방 후 얼마 지나지 않은 시점에서 일본 경찰, 의사 7~8명이 침입한 것으로 행정당국인 경북도청을 거쳐

서울에 보고될 정도로 충격적이었다.

1949년경 독도에서 해녀어업을 했던 한길찬은 해녀 14명과 선원 4명 총 18명이 독도 물골에 숙소를 마련하고 40여 일간 작업하던 중 일본인 3명이 나타나 "쓰시마에서 강치를 잡으러 왔으니 동굴을 비워 달라"며 총으로 위협했다고 증언하였다. "한길찬이 독도가 한국 영토라고 하며 언성을 높이자 싸움이 벌어졌고, 일본인은 총을 겨누며 위협했다"고 했다.

> 힘이 센 해녀 현봉화가 총을 겨눈 왜구 한 놈을 뒤에서 덮치자 놀란 왜구가 방향을 잃고 넘어지면서 방아쇠를 당겼어. "탕" 하고 고막을 찢는 총소리에 놀란 일행이 더욱 흥분해 한꺼번에 달려들어 셋을 제압하고, 빼앗은 총을 바닷속으로 던져 버렸어.
> — 한길찬

한길찬은 도망친 일본인이 다시 올 것을 염려해 경계를 늦추지 않았다. 그는 만약 일본인의 위협에 굴복했다면 미역 채취를 못 했을 것이고, 강치도 씨가 말랐을 것이라고 회고하였다. 이 사건은 1947년 무장한 일본인의 독도 침입과 비슷한 사건으로 해방 후 일본 민간인의 독도 침입이 계속되었음을 말해 준다.

당시 일본 자료에는 일본인 쓰지 도미조辻富藏가 독도에 일본령 표주를 세웠고, 인광燐鑛을 채굴하였다는 기록이 남아 있다. 인광은 괭이갈매기의 배설물인 조분鳥糞으로 쓰지 도미조는 1949년 독도에서 150가마를 채굴하였다. 이후 그는 독도 인광 개발권을 히로시마통상산업국에 제출해 1954년 인광 채굴권을 허가받아 시마네현 제174호 다케시마 인광채굴권을 등록했다. 그리고 인광 채굴을 위해 독도에 왔으나 한국인이 있어서 돌아갔다고 한다.

1951년 『시마네신문』, 『마이니치신문』 등은 오키노시마隱岐島 고카무라五箇村 구미久見 주민 하마다 쇼타로濱田正太郎가 '독도에 표착했다'는 기사를 보도하였다. 일본의 신문들이 '표착'이라고 보도한 것은 엄연히 맥아더라인이 존재했기 때문이다. 역사적으로 일본인의 독도 도항은 '표착'이라는 우연을 가장한 도항이 대부분이었다.

1951년 5월 독도에 불법 상륙한 하마다 쇼타로는 수십 명의 한국 어민들이 어업 활동하는 것을 목격하였다. 그는 일제강점기 독도의 강치어렵권자 야하타 조시로八幡長四郎, 이케다 고이치池田幸一, 하시오카 다다시게橋岡忠重의 하수인으로 강치 어장 경영을 목적으로 어장 상황을 조사하기 위해 침입하였다. 그는 "일본 영토이니 퇴거하라"며 자신이 독도 어장 주인이라고 설교하였다. 그러나 한국인들은 그의 주장을 묵살하고, 자신들의 어장이라고 대응하였다.

해방 후 독도 어장에는 울릉도인뿐만 아니라 울산, 울진, 죽변 등지의 동해안 어민들이 다수 도항하고 있었다. 어선과 어업 기자재 및 석유가 부족한 상황에서 먼 거리 어장에서의 오징어, 명태 어업으로는 수입을 얻기 어려웠으므로 어장적 가치가 큰 독도 미역 어장에 큰 관심을 보였다. 사회적 혼란 속에서 독도 어장은 품질이 좋은 동해안 미역 산지로 이름을 높이기 시작하였다.

주한 미군은 독도 어장의 가치와 그 중요성을 잘 알고 있었다. 군정장관 윌리엄 딘(William F. Dean) 소장은 극동군사령관에게 "리앙쿠르트암(독도) 인근은 한국 어부들이 가용할 수 있는 최상의 어장이며, 이 해역이 울릉도와 인근 도서에 거주하는 1만 6,000명의 어부 및 그 가족들의 주요 자원"이라고 편지에 썼다. 주한 미군 소청위원회 보고서에서도 독도 어장은 "미역이 잘 자라며, 한국인들은 미역 거래로 생계를 유지하고 있다. 한국인들은 미역을 채취하기 위해 독도에 가며, 이곳은 그들 조상의 조상들이 이전에도 갔던 곳이다"라며 독도가 한국 전래의 어장이라고 보고하였다.

해방 후 한국 최고의 어장으로 부상한 독도 어장은 미역과 전복, 소라 등이 가득하여 해녀가 한 번 들어가면 '천 마리씩 잡는다'는 유토피아 같은 어장으로 소문이 돌았다. 1952년 봄, 독도에서 생산된 미역은 2억 원 이상이었다. 독도 어장을 경험한 사람들은 미역이 지천으로 널렸다고 했다. 길이가 짧아 손질을 따로 해야 하는 육지 미역에 비해 독도미역은 따서 그대로 말리기만 해도 될 정도로 길고 빛깔이 좋았다.

　독도의 어획 상황을 듣건대 금년 봄에는 미역만 2억 엔 이상을 뜯고, 방금도 소라와 전복이 많이 있는 것을 확인하였다. 가난한 도민들은 그것을 채취하기 위하여 정부 고위층에 신속히 안전책을 강구하고 보장해 주기를 갈망하고 있다. 우리 정부의 관계관은 국민들로 하여금 믿을 것을 믿게 하여 절해고도의 생활 근거를 더 유리하게 해결해야 할 것이다.
　　　　　　　　　　　　　－『평화신문』1952년 9월 23일 자

　그런데 독도로 간 미역 어민들이 미군기의 폭탄과 기총사격으로 사상당하는 사건이 발생하였다.1948.6.8. 오키나와 주둔군 미 공군 B-29 폭격기가 어민을 향해 무차별적으로 총격을 가하였다고 한다. 생존자들의 증언에 의하면 이 사건은 우발적으로 발생한 것이 아니라 미 공군기가 어민들에게 무차별적으로 총격을 가한 것이라고 했다. 이 사건으로 한국 어민들의 생활 터전을 공격한 미군에 대해 공분이 폭발하였고, 영토 의식이 확산하는 계기가 되었다.

　생존자들은 "비 오는 듯한 기관총 소리와 함께 바위와 배 위로 총알이 비 오듯 하였다"고 기총소사를 언급하였고, "파편과 총알을 주웠다"고 증언하였다. 또 다른 생존자들은 기총소사에 의해 동료가 생을 마감했다며, "비행기에서 배를 향해 총까지 놓았다"고 증언하였다. 이들은 각기 다른 장소에서 여러 언론사를 상대로 증언하였다.

당시 『조선일보』, 『동아일보』, 『수산경제신문』, 『경향신문』, 『서울신문』 등은 「출어 중 어민 폭격」, 「미군 비행기에 의한 독도폭격사건 발생」, 「미군 독도폭격사건」, 「피습사건」, 「어민을 실험물시實驗物視하는 만행蠻行」 등을 1면 기사에 게재하였고, 진상조사와 책임자 공개 처단을 요구하였다. 제헌국회는 이 사건을 '폭격기의 어민 피습사건'으로 규정하고, 주한 미군사령부에 진상규명, 책임자 처벌, 배상 등을 요구하였다.

주한 미군사령부 하지 중장은 국회 외무위원회를 통해 '독도폭격사건 담화'를 발표하고, 독도에서 많은 어민이 무차별적으로 피폭된 상황에 대해 '큰 충격을 받았으며, 미군이 책임져야 한다면 그 책임은 도저히 피할 수 없을 것'이라는 성명을 발표하고 철저한 조사와 배상을 약속하였다. 그러나 극동군사령부, 극동공군사령부, 제5공군, 주한 미군정사령부 중 어느 쪽도 진상과 배상 등에 관한 조사서를 발표하지 않았다. 미군정은 미군사령부를 대표하는 하지 사령관이 아닌 딘 군정장관이 사건이 완료되었다며 기자회견을 통해 사건을 종결했다.

당시 미군 해안경비원들과 함께 경상북도 경비선 계림호를 타고 울릉도 수중탐사대원 11명, 어민 9명, 기타 조사원 등 총 28명과 함께 현장을 조사한 경상북도 수산국 문영국은 폭격으로 반쪽 남은 부서진 선박과 시신 1구를 발견하였다. 현장을 목격한 문영국은 이 처참한 현장을 다음과 같이 기록하였다.

> 생존자들의 말에 의하면 비행기 14기가 주로 선박이 많은 북쪽 편에 탄알을 떨어뜨리기 시작했고, 약 20~30분간 먼저 기관총을 발사한 후 애초에 나타났던 방향으로 돌아갔다고 한다. 어민들은 극도의 위험과 공포에 휩쓸려 우왕좌왕하며 대피할 장소를 찾았으나 독도에서 멀리 떨어져 있는 선박 외에는 거의 사격 대상이 되어 침몰하고 크게 파손되었고, 두 섬 일대는 피비린내 나는 생지옥을 이루었다고 한다.
>
> – 독도 연해 어선조난사건 전말 보고서

문영국은 오전 11시 40분경 남동 방면에서 14대의 비행기가 날아와 폭탄을 투하하고, 20~30분간 기총소사를 하였다고 보고하였다. 이 조사는 미군 해안경비원들과 함께 조사한 것으로 미군 비행기「독도폭격사건 경위」,「독도 연해 어선조난사건 전말 보고서」로 작성돼 각각 내무부와 외무부에 보고되었다. 기안자는 경북 수산과 문영국이었고, 수산과장을 걸쳐 수산국장, 지사에게 보고된 경상북도 행정문서였다. 생존자들은 미군 비행기가 자신들을 향해 폭격하고 총을 쏘았다고 증언하였으나, 한국 정부는 어업 중 발생한 조난사건으로 취급하고, 조난자를 위령하는 독도조난어민위령비를 건립하였다.

독도조난어민위령비

1948년 6월 1일8일-주에 독도에서 어민 59명이 18척의 어선에 나누어 타고 조업하던 중 미군 연습기의 오인 폭격을 받아 사망 및 행방불명 14명, 중경상 6명, 4척의 선박이 파괴되는 등 큰 불행한 일이 발생하였다.

엄청난 파도가 일어날 때도 바위 틈에서 일하는 조국재건의 해양용사들에게 이 무슨 억울하고 답답한 뜻밖의 재난이냐. 이 일에 미군의 진심 어린 사과와 보상, 그리고 사회적 온정이 모여 수중의 원혼과 유가족을 위로하고 보살핌에 성의를 바친 바 있었다. 수많은 한과 슬픈 마음의 한 부분이라도 살피고자 사건 발생 2주년을 기하여 작은 비석을 세우고, 삼가 조난 어민 여러분의 명복을 비노라.

경북도지사 조재천은 미군기 오인으로 사건이 발생했다는 제문을 낭독하고 희생자의 넋을 위로하는 위령제를 거행하였다.1950.6.8. 해방과 분단, 군정과 주권국가 부재의 혼란 속에서 독도폭격사건은 '짙은 슬픔이 동해에 먼지처럼 떠다녔다'

〈그림 2-3〉 독도조난어민위령비 제막식(1950.6.8.)

고 말할 정도로 독도는 미역 어장에서 살해당한 한국인에게 약소국의 수난인 동시에 주권국가의 불가침을 대표하는 상징이 되었다.

한국 정부의 독도 조사와
영유권 확인 작업

해방 후 일본은 독도에 대한 야심을 버리지 못해 미국정부의 일본 정치 고문관 윌리엄 제이 시볼트 William J.Sebald 를 내세워 '독도가 한국 땅이라는 근거가 없다'는 편지를 미국 국무성에 보내는 한편, 독도가 일본 땅이라고 하는 '일본 본토에 근접한 작은 섬들'이라는 팸플릿을 만들어 배포하기 시작했다. 이 팸플릿에는 '다케시마'라는 이름은 잘 알려져 있지만 한국은 이 섬을 알지 못하고 이름조차 없다는 허위사실을 담고 있었다.

일본의 독도 침탈은 식민지에서 해방되었으나 나라가 분단되고 미소·남북·좌우의 갈등으로 혼란이 극에 달한 상황 속에서 시작되었다. 남조선과도정부는 독도와 관련된 사항을 조사하기로 결정하고 학술전문가 그룹인 조선산악회 朝鮮山岳會 와 함께 울릉도·독도 학술조사를 추진하였다. 1947.8.16.~1947.8.28. 중앙부처 공무원, 경상북도 공무원, 경찰청 직원 등 80명으로 이루어진 학술조사단은 300톤급 해양경비선을 타고 독도를 공식 조사하였고, 독도에 울릉도 남면 소속이라는 영토 표지판을 세웠다. 그리고 강연회와 전람회를 개최하고, 언론 보도를 통해 독도 문제의 중요성과 분쟁 가능성, 한국영유권의 역사, 일제 침략의 구체적 실상을 알리는 홍보 활동을 통해 사회적 공감대 확산에 노력하였다.

특히 울릉도·독도 학술조사 대장 송석하, 서울대 국문과 교수 방종현, 국사관장 신석호 등은 독도 영유권 토대가 되는 역사적 연구를 통해 독도의 역사와 명칭 등 영유권 관련 핵심자료들을 발굴하고 고증하였다. 신석호 관장이 울릉군청에서 발견한 「심흥택보고서沈興澤報告書」는 조선 관리가 정부에 보낸 공식 문서로 조선정부가 일본의 침탈에 대응한 중요 문서이다. 1906년 3월 28일 시마네현 사무관제3부장 진자이 요시타로神西由太郎가 심흥택 울릉군수에게 독도의 일본 편입을 통보하자 울릉군수는 강원도 관찰사서리 춘천군수 이명래李明來에게 보고하였고, 이명래는 의정부 참정대신 박제순朴齊純에게 보고하였다. 박제순은 1906년 5월 지령 제3호에서 '독도가 일본 영토가 되었다는 설說은 전혀 무근無根'이라며, 일본의 침탈 사실을 부정하고, 일본의 행동을 주시할 것을 명령하였다.

그러나 포츠머스 조약이 성립되고1905.9 한국 내 일본의 특수권익이 양해된 상황에서 일본의 독도 침탈 상황은 알려지지

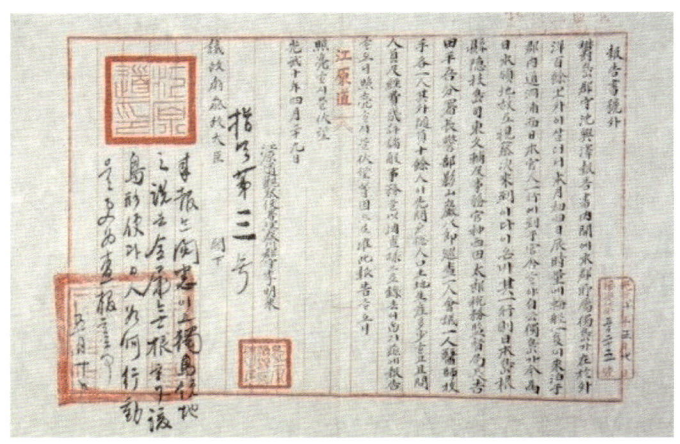

〈그림 2-4〉 울릉군수 심흥택 보고서

않았다. 그러나 조선산악회 국사관장 신석호가 채록한 울릉도인 홍재현 당시 85세의 진술서를 통해 당시 울릉도 사람들의 반향을 알 수 있었다. 홍재현은 1906년 시마네현 사무관 진자이 요시타로의 독도 침탈 상황을 보았는데 그는 "일본 오키도사 일행이 독도가 일본의 소유라고 무리하게 주장한 사실은 나도 아는 일이다"라며 회고하였다. 당시 홍재현은 일본의 침탈 사실을 다음과 같이 구술하였다.

지금으로부터 60년 전 강원도 강릉서 이래(移來)하여 지금까지 본도에 거주하고 있는 홍재현입니다. 연령은 85세입니다. 독도

〈그림 2-5〉
일본의 침탈 사실을 구술한 홍재현
(1947년 조선산악회 채록)

가 울릉도의 속도라는 것은 본도 개척당시부터 도민의 주지하는 사실입니다.

나도 당시 김양곤金良坤과 배수검裵秀檢 동지들을 작반作伴하여 지금으로부터 45년 전年前부터 45차나 미역 채취, 강치 포획으로 (독도를) 왕복한 예가 있습니다. 마지막으로 갈 때는 일본인의 본선을 빌려 무라카미村上란 사람과 오카미大上란 선원을 고용하여 같이 포획을 한 예도 있습니다.

독도는 천기청명天氣晴明한 날이면 본도에서 분명하게 조망할 수 있고 또는 본도 동해에서 표류하는 어선은 옛날부터 독도에 표착하는 일이 종종 있었던 관계로 독도에 대한 도민의 관심은 매우 컸습니다.

 1906년(광무 10년)에 일본 오키 도사(隱岐島司) 일행 10여 인이 본도에 도래하여 독도를 일본의 소유라고 무리하게 주장한 사실은 나도 아는 일입니다. 당시 군수 심흥택(沈興澤) 씨가 오키 도사 일행의 무리한 주장에 대하여 반박 항의를 하는 동시에 부당한 일인의 위협을 배제하기 위하여 당시 향장(鄕長) 전재항(田在恒) 외 다수의 지사인들과 상의하여 상부에 보고하였다는 것이 내가 당시에 들은 사실입니다. 일인 오키도사 일행이 독도를 일본 소유라고 주장했다는 전문을 들은 당시 도민, 더구나 어업자들은 크게 분개했던 것입니다. 당시 군수가 상부에 보고는 하였지마는 일본세력이 우리나라에 위압되는 기시의 대세라 아무런 쾌보도 듣지 못한 채로 합병이 되고 만 것은 통분한 일이었습니다.

- 홍재현

 홍재현은 독도의용수비대 대장 홍순칠의 조부였고, 해방 후 일본 순시선의 침입 사실을 알게 되자 홍순칠 대장에게 "너희들이 그곳에 가서 싸워 독도를 되찾아야 한다"며 일본의 침탈에 맞서 싸울 것을 당부하였다. 일본의 독도침탈은 1906년과 마찬가지로 1947년 울릉도 도민들의 노력과 대응을 통해 전국적인 의제가 되었고, 홍순칠 대장이 독도의용수비대를 조직한 것도 이런 역사와 관계가 있었다.

〈그림 2-6〉 한국산악회의 독도 조사 기념사진(한국산악회 제공, 1953. 10. 15.)

일본 순시선의 독도 침입과
독도의용수비대

1953년 독도가 미군 폭격훈련장 훈련 목록에서 제외되자 일본은 미군 폭격장 지정·해제 조치가 일본의 독도영유권을 증명한다고 판단하고 침입을 시작하였다. 1952년 7월 26일 미일 합동위원회가 「시설과 지역의 군사적 사용에 관한 결정」에 따라 주일 미군의 폭격훈련장 중 하나로 독도를 지정하자 일본 외무성은 고시 제34호를 통해 이 사실을 공시하였다. 그러면서 이 결정은 "독도가 일본 영토"라는 것을 보여주는 증거라고 주장하였다. 이후 1953년 2월 19일 미일 합동위원회가 독도를 폭격훈련장에서 제외하자 국내법적 증거 및 미국의 증거가 확보됐다고 판단하고 독도 침입을 시작하였다.

일본의 제1차 독도 침입 1953.5.28.은 시마네현 수산시험선 시마네마루 63톤의 침입이었다. 일본 수산시험선 시마네마루島根丸가 어장 조사를 핑계로 침입했을 때 독도에서는 한국 어민 약

30여 명과 어선 10척이 조업 중이었다. 일본은 이를 일본의 영토권 침해로 간주하고, '다케시마 주변 해역의 밀항·단속 강화'를 결정하고 한국 어민 단속 조치에 나섰다.

1953년 6월 27일 일본 경찰은 '다케시마 주변 해역의 밀항·단속 강화' 지침 요령에 따라 울릉도 어민 정원준[34], 정복룡[35], 정성구[26], 정무출[30], 이만룡[31], 변학봉[39] 등에게 섬에 온 경위, 조업 상황, 지식 정도 및 특징, 어업허가증과 도민증 유무, 영토 의식 등 10여 개 항목을 불법 심문했다. 일본 경찰은 "변학봉은 10년 전부터 출어하였고, 또 다른 한 명은 3년 전부터 왕래하였으며, 나머지 어민들은 처음 출어하였다"고 하였다.

하지만 변학봉은 10년 전부터 독도 어장을 왕래하고 있었으므로 독도가 한국영토임을 의심하지 않았다. 아울러 울릉도 어민들은 울릉도경찰서의 도항허가증을 가지고 있었고, 도항 시 당국자로부터 "주의하라"는 수칙도 받았다. 그러나 일본 경찰이 "독도는 일본 영토이니 침범하여 작업하면 인치한다"고 협박하고 쫓아내자 울릉도 어민들은 분개하며 울분을 참지 못했다. 이들 중에는 독도의용수비대 부대장 정원도 종형인 정원준·정무출도 있었다. 이후 일본 순시선은 한 달에 서너 번씩 불법 상륙과 순시 활동을 반복하며 일본령 영토 표지판을 설치하였다. 일본이 설치한 일본 영토 표지판에는 '시마네현島根縣 오치군隱地郡 고카무라五箇村 다케시마竹島'라는 주소를 적었

〈그림 2-6〉 일본령 표주 철거(한국산악회 1953년 10월 15일)

〈그림 2-8〉 철모와 방탄복을 입고 독도 주변을 순회하는 일본 순시선(島根縣, Web竹島問題硏究所)

고, 다른 표주에는 "제1종 공동어업권해·조·패류이 설정되어 있으므로 무단 채포를 금함. 일본국 허가 없이 출입을 금함"이라는 경고문을 썼다.

| 표 1 | 일본 관용선의 독도 침입과 한국의 경비 상황

연	월일	일본 관용선 이름	거리	한국 측 동향	일본 측 동향
1943~1953				한국산악회 독도조사 (1947) 〈한국령 표주〉, 독도 폭격사건 울릉도·동해어민 독도 조업	일본 금지구역 맥아더라인 미군폭격장 지정

연	월일	일본 관용선 이름	거리	한국 측 동향	일본 측 동향
1953	3.19.			폭격장 해제	
	4	오키	상륙	울릉도인 없음	
	5.28.	시마네마루	상륙	울릉도인 조업(어선 10척, 어민 30명)	
	6.15.	시마네마루	-	-	-
	6.23.	구즈류, 노시로	500m	울릉도인 조업	상륙 실패
	6.25.	오키고교선	상륙	울릉도인 조업	『마이니치신문』취재
	6.26.	미호마루	상륙	울릉도인 조업(6명)	울릉도인 심문
	6.27.	오키, 구즈류	상륙	울릉도인 조업	〈일본령표주1〉세움
	7.2.	나가라	상륙	울릉도인 조업	
	7.3.			울릉 경찰 〈일본령 표주1〉 철거	
	7.9.	오키	100m	울릉도인 조업	
	7.12.	헤쿠라	700m	울릉도인 조업 (어선 3척, 경관 7명)	헤쿠라 피격당함 (일본인 30명)
	8.3.	헤쿠라	상륙	울릉도인 없음	총격현장검증
	8.7.	헤쿠라	상륙	〃	〈일본령표주2〉세움
	8.21.	나가라	상륙	〃	
	8.31.	헤쿠라	3해리	〃	
	9.3.	오키	1해리	〃	
	9.17.	시마네마루	상륙	〃	〈일본령표주2〉확인
			상륙	울릉 경찰 〈일본령 표주2〉 철거	
	9.23.	다이센	상륙	울릉도인 없음	
	10.6.	헤쿠라, 나가라	상륙	〃	〈일본령표주3〉세움
	10.13.	헤쿠라(?)	3해리	〃	

연	월일	일본 관용선 이름	거리	한국 측 동향	일본 측 동향
	10.15.		상륙	한국산악회 〈한국령 표석〉 세움 〈일본 표주3〉 철거	
	10.17.	중의원, 외무성 직원 탑승)	300m	동도 가건물, 태극기	
	10.21.	시마네마루	상륙	울릉도인 없음	『아사히신문』 취재
	10.23.	나가라, 노시로	상륙	〃	〈일본령 표주4〉 세움, 〈한국령 표석〉 철거
	11.15.	나가라	200m	〃	
	12.6.	헤쿠라	5해리	〃	
	12.19.	헤쿠라	3해리	〃	
1954	1.7.	나가라	200m	〃	
	1.16.	오키	상륙	〃	
	1.27.	헤쿠라 나가라	200m	〃	
	2.28.	헤쿠라	3해리	〃	
	3.23.	시마네마루	1km	〃	
	3.28.	헤쿠라	3해리	〃	
	4.24.	헤쿠라	3해리	〃	
	5.3.	오키외 5척	상륙	〃	일본인 어민 조업
	5.18.			경비선 칠성호 〈일본령 표주4〉 철거	
	5.23.	쓰가루	1km	울릉도인 조업	〈일본령 표주4〉 철거 확인
	5.29.	다이센	상륙	〃	일본 기자 상륙
	6.16.	쓰가루	1km	〃	
	7.8.	헤쿠라	3해리	〃	

연	월일	일본 관용선 이름	거리	한국 측 동향	일본 측 동향
	7.28.	구즈류	보트 접근	경비원 6명 작업	
	8.23.	오키	700m	등대 설치, 태극기 게양	
	10.2.	오키, 나가라	1.5해리	대포 설치, 경비원 7명 순찰	
	11.21.	오키, 헤쿠라	3해리	건물 2채, 경비원 14~15명	피격 당함
1955	2.2.	헤쿠라, 쓰가루	4.5해리		동도 정상에 무선용 기둥 2개, 평탄부에 포대 1문 설치 확인
	4.26.	쓰가루	5해리		독도 동북쪽에 1층, 숙사 2채 확인
	7.19.	헤쿠라	4해리		등대 점등 중, 'ROK'라고 쓰고 등대 근처 경비원 5명 확인
	9.23.	쓰가루	4해리		등대 내 백광이 3초마다 1섬광 확인
	12.28.	쓰가루			등대 소등 중 확인
1956	4.8.	헤쿠라	6해리		숙사를 눈으로 확인
	11.8.	헤쿠라	2.5해리		등대 근처에 5~6명 확인
1957	4.9.	쓰가루	3.2해리		등대 근처에 1명 확인
	8.11.	오키	4.4해리		등대 소등 중, 근처에 2명 확인
	10.20.	쓰가루	3.6해리		등대 근처에 2명 확인

출전: 박병섭, 『독도연구』 18·19호 참조 작성.

이러한 일본의 만행 사실이 알려지자 한국 국회는 일본 순시선의 한국 어민 불법 심문을 규탄하고 '독도침해사건에 대한 대정부 결의문'을 결의하였다. 경상북도 의회에서도 "일본인의 야만적 행위는 한국을 무시한 태도인 동시에 지난날의 침략 개시를 폭로한 야욕으로 일본의 침략 행위에 대해 단호한 조치가 있기를 건의한다"고 정부의 단호한 조치를 촉구하였다.

한국 정부는 일본 침입에 적극 대응한다는 결의문을 발표하고, 해군 함정 파견을 결정하고, 울릉도 순라반을 파견하였다. 울릉도 경찰 순라반은 울릉도 연해와 독도 주변 한국 어민 보호 및 독도에 침입하는 일본인들을 감시할 목적으로 경위 1명, 경사 1명, 순경 1명 등 3명으로 운영되었다. 울릉도 순라반은 일본 순시선 헤쿠라[386호]가 독도에 나타나자[1953.7.12] "우리는 영해를 침범한 외국선을 나포하라는 명령을 받았으니 울릉도로 동행하시오"라며 퇴거를 명령하였다. 이에 일본 순시선이 야유하듯이 독도를 일주하며 무시했으므로 순라반은 무력을 강행해 두 발을 명중시켰다. 이 사건은 일본의 침입에 무력도 불사하겠다는 한국 정부의 강경한 독도 수호 의지를 나타낸 것으로 일본 신문에 연일 보도되는 등 일본사회에 충격을 주었다.

한국 정부의 무력 행동에 큰 충격을 받은 일본 정부는 독도가 자국 영토임을 주장하는 외교문서[1953.7.13]를 한국 정부에

〈그림 2-9〉
한국의 무력행사를 보도한 일본 신문(『日本海新聞』1953.7.14.)

보냈고, 독도에 두 번째 일본령 영토 표지판을 설치하였다.

　1953년 일본 순시선 헤쿠라의 피격 사건 이후, 일본과의 무력 충돌로 독도 어장에서 긴장감이 고조되자, 한국 정부는 울릉도인들의 독도 출입을 금지시켰다. 그리고 1954년에는 「독도경비명령」1954.8.1.을 내려 경사 1명, 순경 4명, 의경 10명을 배치하고, 경비초소를 건립하였다. 그러면서 서울 주재 각국 공관에 "한국 동해에 있는 독도에 한국 정부가 등대를 설치했으며, 등대는 1954년 8월 10일 12시에 점등을 개시했음을 통

〈그림 2-10〉 독도 등대와 한국령(김철환 씨 제공)

〈그림 2-11〉 독도 경비대 숙소 및 표석 제막 기념(독도의용수비대 제공 1954.8.28.)

〈그림 2-12〉
포대경으로 동해를 감시하는
독도의용수비대원
(독도의용수비대 제공)

고하는 영광을 가진다"고 독도가 한국 영토임을 알렸다. 한국 정부는 일본의 침략에 단호히 맞설 것을 결의하고 무력도 불사하겠다는 강경한 자세로 경비초소를 건립하고 등대를 세웠다.

한편, 한국 정부가 무력 항쟁을 예고할 당시 독도에서는 독도의용수비대가 주둔하고 있었다. 독도의용수비대의 창설 과정은 현재까지 여러 논쟁이 있으나 울릉도 재향군인회 설립이 계기가 되었던 것으로 보인다. 한국전쟁에 참전하였다가 전역한 군인들의 친목단체 울릉도 재향군인회는 '재향군인 상호

간의 친목을 도모하고, 조국의 독립과 자유 수호에 공헌'함을 목적으로 설립되었다. 울릉도 재향군인회는 홍성국 울릉군수가 6촌 동생 홍순칠과 협의하였고 홍순칠 씨가 회장으로 발탁되었다.1952.8.20.

재향군인회는 회원의 권익 신장 및 권익 증진, 친선 및 유대 강화, 호국 정신 함양 및 고취, 국토 방위의 협조 및 지원 활동 등이 있었는데, 1953년 울릉도에서 일본 순시선의 독도 침입과 어민 불법 심문, 순시가 계속되자 울릉군은 재향군인회에게 독도 관리를 위탁했던 것으로 보인다.『국립경찰 50년사』에는 울릉경찰이 재향군인회에게 1953년 8월 5일부터 1956년 4월 8일까지 2년 8개월간 독도 경비를 위탁했다는 기록이 있다. 울릉군은 이들에게 독도 경비를 위탁하는 조건으로 독도 도항을 허락한 것으로 생각되며 독도 도항에는 물론 독도 어업을 포함한 어업 활동도 내포되어 있었을 것이다.

하지만 울릉도 순라반과 일본 순시선의 무력 충돌이 발생한 헤쿠라 사건 이후, 한국 정부는 재향군인회의 독도 도항을 허락하지 않았다. 해안경비대의 독도 경비 활동이 원활하지 못한 상황에서 어민과 재향군인회의 독도 경비 업무와 어업 활동이 어렵다고 판단했기 때문이다. 1954년 봄, 독도미역철이 다가왔지만 도항이 허락되지 않자 울릉도민과 어민들은 미역 채취 기간을 놓칠 수 없어 도민궐기대회를 열고, 자발적으로 독도방위대책위원회를 설립하고, 독도 자위대를 결성하였다.

『조선일보』1954.5.3.는 '지난 25일1954.4.25. 하오 1시 울릉도고등학교에서는 1만 5천 명 울릉도 도민을 대표하는 (중략) 국민회 울릉도지부 주최로 도민궐기대회를 열어 독도방위대책위원회를 결성하는 한편 울릉도 내의 청장년으로 독도자위대를 결성하기로 했다'고 보도하였다. 정부는 울릉도인의 독도자위대 결성을 적극 지지하였고 독도자위대의 독도 수호 활동을 허락하였다. 이로써 독도의용수비대의 모태인 울릉도재향군인회는 독도자위대를 결성하고 독도 수호 활동을 시작하였다.

독도의용수비대는 서도 물골에서 활동을 시작해 독도대첩에서 혁혁한 전과를 올렸다. 울릉경찰서는 이들의 공로를 인정해 독도의용수비대 대원 서기종·정원도·이규현·김영복·김영호·양봉준·이상국·황영문·하차진 아홉 명의 대원을 경찰로 특채했고, 국가는 홍순칠에게는 5등 근무공로훈장, 대원 열 명에게는 방위포장防衛褒章을 수여하였다.

그리고 이들의 공적을 인정해 1953년 4월 20일~1956년 12월 31일 3년 8개월간 독도에서 수호 활동에 전념한 민간인 33인을「독도의용수비대지원법」은 독도의용수비대원으로 선정하였다.「독도의용수비대지원법」은 '울릉도 주민으로서 우리의 영토인 독도를 일본의 침탈로부터 수호하기 위하여 1953년 4월 20일 독도에 상륙하여 1956년 12월 30일 국립경

〈그림 2-13〉 1966년 훈·포장 수여식(독도의용수비대 제공)

찰에 수비 업무와 장비 전부를 인계할 때까지 활동한 의용수비대원 33명'을 법률에 따라 국가적 영웅으로 인정하였다.

독도의용수비대는 해방 후 일본의 독도 침략에 맞서 독도를 지켜냈고, 민간조직이 영토주권을 지켜내 독도의 실질적 지배·관리를 가능케 했다는 점에서 영웅 평가를 받고 있다. 그러나 독도의용수비대원 선정 과정에서 공적에 필요한 병적·경력 증명서, 경북경찰국보고서, 외교부 문서 등 독도의용수비대 활동에 관련된 객관적인 자료가 충분히 검토되지 않았기 때문에 이들에 대한 적부 논란은 지금도 계속되고 있다. 이에 대해 김호동 교수는 "절해고도에서 일본의 위협에 독도를 지키며 이웃과 삶의 터전을 지켰던 독도의용수비대가 왜 비난의 대상이 되어야 하는가"라며 반문하였고 주둔 기간이 "8개월이냐 3년 8개월이냐 중요한 것이 아니며, 독도의용수비대가 활동을 개시함으로써 정식 경찰수비대가 주둔하는 계기가 되었다"며 독도의용수비대의 평가를 차단하였다. 김호동 교수는 독도의용수비대가 정부의 지원 없이 독도를 지키겠다고 나선 것이 오늘날 독도의 실질적인 지배로 이어졌다는 점을 명확히 함으로써 독도의용수비대의 역사적 의미를 부여하였다.

그러나 국가 방위 차원에서 국가 대신 민간인이 전쟁을 수행하였고, 국가가 민간조직에게 독도 방위를 위탁했다는 점은 해결해야 할 과제이다. 주지하듯이 정부는 1954년 8월 「독도경비명령」을 내려 경비원의 독도 주둔을 결정하고 확고한 영토주권을 행사하였고, 1947년과 1952년에는 대규모 독도학술조사단을 파견하여 독도영유권 강화를 위한 기초 조사를 진행하였다. 또 동해의 어족 자원을 보호하고 주권 보호를 위한 국무원 고시 제14호 「인접 해양에 대한 주권에 관한 선언^{평화선}」_{1952.1.18.}을 선포해 독도가 한국영토임을 공표하였다. 그러면서 독도에 관한 정부 견해의 구상서 외교문서 발송을 통해 일본과 치열하게 외교문서를 교환하였다.

이처럼 정부의 강력한 독도 수호 의지로 독도영유권이 확립되었지만, 현재 독도의용수비대의 '의병' 활동이 과대 평가되어 민간인의 활동을 영웅적으로 숭상하고 있다. 그렇다면 국가의 허락도 없이 주둔과 함께 무력 행동을 한 민간인의 행동을 어떻게 평가해야 하며, 울릉도의 민간인을 분쟁 지역으로 몰아넣은 정부의 무능함 또는 정책 부재, 책임 소홀을 어떻게 판단해야 할지 독도영유권 연구에서 밝혀내야 할 것이다. 독도의용수비대의 역사적 소명 의식은 존중되어야 하지만, 민간 조직의 일방적인 '수호' 활동만을 강조함으로써 정부의 독도 수호 정책과 의지를 평가하지 못한 점이 있다. 독도영유권 연구에서는 정부와 울릉도 민간인들의 관민협조로 지켜진 독도 수호의 역사를 다시 되새길 필요가 있다.

1954년 일본 꽁치 수산 시험선의
독도 상륙기

　1954년 5월 29일 일본 돗토리현 소속 수산시험선 다이센이 독도에 상륙했다. 그러자 즉각 독도의용수비대원 정원도, 이규현, 하자진, 양봉진 등이 전마선을 타고 가서 즉시 퇴각할 것을 요구하여 바로 떠나도록 했다. 독도의용수비대 측은 이를 '제2차 추방'이라고 하였다.

　한국 외교부는 "1954년 5월 28일 오전 3시경 450톤의 일본 배가 허가도 없이 독도에 들어왔다. 탑승한 열세 명의 승조원 중 한 명이 상륙하여 한국의 영토 표지를 촬영하고, 약 10분 후 떠났다"고 했다. 즉 외교부는 일본 승조원 한 명이 상륙한 후 10분 동안 촬영하고 떠났다고 했고, 독도의용수비대는 퇴각을 명령해 상륙하지 못하고 즉시 떠났다고 했다. 그렇다면 일본은 이 침입 사건을 어떻게 기록했을까?

　다이센은 일본 톳토리현 소속 꽁치 봉수망 시험선이다. 봉수망 어업은 일본에서 발달한 어업으로 사각형 보자기 모양의 그물 상부에 뜸대를, 하부에 발돌과 돋음줄을, 양옆에 조임고리와 조임줄을 부착하여 투망 시 그물이 뜸대에 의해 좌우와 수직으로 전개되도록 하고, 양망 시에는 돋음줄과 조임줄을 당겨 올린다. 일몰 후 집어등을 켜고 어군을 탐색해 야간 조업을 하는 어업이다. 다이센은 독도 주변에서 꽁치·오징어 조업 시험을 하고 있었는데, 『니혼카이신문日本海新聞』의 다가제多賀 기자가 탑승하고 있었다. 그는 독도의용수비대 대원의 안내로 독도에 상륙하였고, 독도 상륙 과정을 자세히 기록하여 1954년 6월 3일 『니혼카이신문』에 보도했다.

일본 신문은 '독도는 수백 년 전부터 선조의 땅'이지만 한국이 '점령'했다는 기사로 시작한다. 신문은 독도가 일본의 고유영토임을 주장하며 17세기 중엽 막부로부터 죽도도해면허竹島渡海免許를 받아 고기잡이를 해오던 호키주伯耆州 오야가·무라카와가大谷家·村川家의 어로 지역이라고 했다. 하지만 죽도도해면허의 죽도는 울릉도이다. 신문은 에도시대 죽도는 울릉도, 송도는 독도였다는 사실을 알지 못했으며, 일본이 조선 땅인 울릉도·독도에 대해 도해면허를 발급해 줄 수 있는 권한 자체가 없었다는 역사적 사실을 알지 못해 '수백 년 전부터 선조의 땅'이라고 보도한 것이다.

주지하듯이 울릉도·독도를 둘러싼 영유권 문제는 1693년

안용복 납치 사건을 계기로 막부가 일본인의 울릉도 도해를 금지한 죽도도해금지령1696.1.28. 선포에서 일단락되었다. 1695년 막부가 울릉도 소속을 돗토리번鳥取藩에게 조회했을 때 돗토리번은 "다케시마竹島·마쓰시마松島 기타 양국이나바국·호키국에 부속된 섬은 없습니다"라고 회답했다. 다케시마·마쓰시마는 조선의 영토로 이곳으로의 도해는 허용될 수 없었고, 죽도도해금지령에서 마쓰시마는 일본 땅이 아님을 확인했다.

그리고 1836년 이마즈야 하치에몬今津屋八右衛門 사건이 발생했을 때 막부는 "마쓰시마독도에 표류했다"고 주장하는 하치에몬을 조선땅에 도해한 '이국도해의 건異國渡海件'으로 사형에 처했다. 그리고 메이지明治 정부는 울릉도와 독도에 관계된 문서를 조사하고, "죽도외일도竹島外一島, 즉 울릉도와 독도는 본방일본과 관계없으므로 명심할 것"이라는 태정관 지령문太政官 指令文. 1877년을 내려 조선의 영토임을 확인하였다. 역사적 사건에서 알 수 있듯이 일본은 독도를 울릉도의 부속섬으로 처리하고 한국의 영토로 확정하고 있었다.

그러나 『일본해신문』은 일본이 평화헌법 제9조에 의해 무력행사를 할 수 없게 된 사이에 한국 정부와 어민에게 '점령'당하는 안타까운 일이 발생했다고 보도하였다. 「일본해의 초점 죽도상륙기」 제목으로 보도된 기사에는 제1단락 '보인다. 아련히 보이는 섬', 제2단락 '다가오는 전마선', 제3단락 '혼자서 섬에 들어가다', 제4단락 '늠름한 해녀', 제5단락 '몽돌해변 위가 가옥'에서 독도 상황을 자세히 보도하였다.

제1단락 '보인다. 아련히 보이는 섬' 첫머리에는 '다케시마(竹島)는 지금 한국령의 표식이 박혀 있고, 한국인들이 어업을 하고 있다. 일본 제8관구 해상보안부가 몇 번이나 세운 일본의 영토 표주는 이미 흔적도 없다. 나무 한 그루 없는 서일본해의 무인도이지만 어업 일본이 결코 버릴 수 없는 보물섬'이라며 어업상 중요 지역임을 강조하였다.

제2단락 '다가오는 전마선'는 독도의용수비대원 여섯 명이 전마선을 타고 일본 수산시험선 다이센에 접근했을 때의 상황을 기록하였다. 일본인들이 "군인인가, 관헌인가, 어부인가 초조해 침을 삼키고 있을 때 손을 흔들며 한국인들이 다가왔다"고 했다. 일본 신문은 1954년 5월 3일 일본 오키 구미무라(久見村) 어업출어단이 독도에 일본 영토 표지판을 세웠지만 없어졌고, 이후 한국인 남녀 50여 명이 건너와 어로 활동 중이라는 말도 덧붙였다.

제3단락 '혼자서 섬에 들어가다'는 전마선을 탄 한국인들의 안내로 독도에 상륙하는 과정을 그렸다. 신문은 독도의용수비대원 정원도, 이규현, 하자진, 양봉진 등을 따라 독도에 상륙하였고, 섬 남쪽에서 미역 채취 전마선 두 척, 서도 서쪽의 해녀 약 30명과 7~8톤짜리 동력선, 서도 북쪽 해안 바위에 태극기

와 '大韓民國대한민국'이라는 흰색 글자를 보았다고 하였다. 또 한국 어민들과의 만남과 그 모습을 다음과 같이 기록하였다.

> 해녀들은 전복과 소라를 채취하고 있었고, 나를 보자 일제히 바닷속으로 들어갔다. 남자들은 길이 4미터 정도의 대나무 끝에 낫을 달고 미역을 따고 있었다. 나를 맞이한 청년 여섯 명 중 한 명은 군모를 쓴 상이군인이었고, 훈장略綬을 달고 있었다. 청년들은 '한국군에 소집되어 전쟁터에서 부상해 돌아왔지만 상이군인회의 도움으로 미역을 채취하러 울릉도에서 왔다. 이미 20여 일이 지났다. 섬에는 발동기선 한 척과 작은 배 네 척이 있다. 남자 스물세 명, 여자 스물여덟 명이 있다'며 독도에 온 경위를 소개했다. 여자들은 제주도에서 온 해녀라고 했다. 이들의 도항은 5월 9일 이후로 추정된다."
>
> – 『니혼카이신문』

그러나 일본 측 신문 기사와 달리 독도의용수비대 대원들의 증언에는 '제2차 추방'이라고 했고, "큰소리로 그들을 야단쳤다. 일본인들은 겁을 잔뜩 먹고 어쩔 줄 몰라 하더니 배를 돌려 일본으로 돌아갔다. 수비대원들은 안심했다. 총을 쏘지 않고 위협만으로 그들을 쫓아낸 게 아주 다행이었다"며 무기를 사용하지 않았다고 설명했다.이용원, 『독도의용수비대』, 26쪽 일본 측

신문에는 일본인의 상륙을 도운 호의적이고 어업에 전념하는 상이군인만 있을 뿐 위협적이고 무장한 한국인은 없었다.

    제4단락 '늠름한 해녀'와 제5단락 '몽돌해변 위가 가옥'에서는 해녀들의 활동과 주거 상황을 적었다. 그가 주목한 것은 독도 어장의 미역이었다. 당시 한국의 미역값은 37.5킬로그램에 1만 엔 정도였고, 쌀값은 75킬로그램에 3,500엔으로 독도 어장의 경제적 가치가 크다고 보았다. 신문에서 특히 주목한 것은 제주해녀였다. 신문은 "이 절해의 고도에 멀고 먼 제주도로부터 여자가 오는 것이 과연 용감한 것인가?"라며 해녀들의 도항에 어리둥절하였다. 그러면서도 무인도에서 생활하는 해녀의 모습이 '늠름'하고, '남자를 먹여 살린다'는 제주해녀의 활동에 놀라움을 감추지 못했다. 또 '구릿빛 피부에 터질 듯한 젖가슴이 물보라와 함께 5월의 대양을 스치고 지나간다'며 독도의 평화로움을 전하며 한국 어민들의 어로 활동을 기록하였다.

■ 부록

* 「일본해의 초점, 독도 상륙기 日本海の焦點·竹島上陸記」
(『니혼카이신문 日本海新聞』, 1954년 6월 3일)

① 서도 남측에 떼를 지어 모여 있는 괭이갈매기
② '다이센'에 웃는 얼굴로 다가오는 여섯 명의 청년
③ 태왁을 띄운 제주도에서 온 해녀
④ 서도에 있는 한국 소년
⑤ '다이센' 위에 있는 청년들(오른쪽 두 번째가 훈장을 달고 군모를 쓴 상이군인)
⑥ 서도 그늘에 가려진 흰 동력선
⑦ 북에서 바라본 독도 전경

떨어져 나간 표주, 선인의 자취도 지금은 꿈

일본 어선의 진출을 막으려고 한국이 광대한 해역을 포함한 이승만 라인을 주창하고, 오키 서북방 90해리에 독도영유권을 주장했을 때, 일본은 조야를 막론하고 동요하였고, 외교를 통해 해결하려고 하였다. 이후 이 라인을 넘은 일본 어선들은 한국 측에 붙잡혀 배는 몰수, 선원들은 징역형을 받고
있다. 그러나 죽도 문제는 이제 세인의 머리에서 잊히고 있다.

과연 한국은 그 주장을 포기했을까? 현실은 전혀 그와 반대되는 모습이다. 죽도는 지금 한국령 표식이 새겨져 한인들이 어업을 하고 있다. 제8관구 해상보안부가 몇 번이나 세운 일본 영토 표주는 이미 흔적도 없다. 나무 한 그루 없는 서일본해의 무인도이지만 어업 일본에 있어서 결코 버릴 수 없는 보물섬이다. 기자는 죽도의 현실을 보기 위해 꽁치 봉수망 시험 조업을 하는 돗토리현 수산시험장 시험선 다이센에 동승, 30일 동도에 상륙했다. 이하는 죽도 상륙과 그 견문록이다.

보인다. 아련히 보이는 섬

해도에는 독도가 두 개 있다. 오키 서서북, 울릉도 남남동 문제의 초점인 죽도, 다른 하나는 울릉도이다. 도쿠가와德川 시대 돗토리번에서는 전자의 독도를 송도松島라고 하였고, 울릉도를 죽도竹島라고 하였다고 한다. 원화元和 3년 7월340년 전 요나고米子 오야진기치大屋甚吉가 에치고越後에서 돌아오는 길에 표류하여 발견하고 죽도 도항을 한 것이 울릉도이다.

도비土肥 어로 주임이 지도하는 시험선 다이센은 꽁치망으로 죽도를 찾아 남동으로 갔다. 20해리 부근에서 희미하게 죽도의 모습이 보이기 시작했다. 안개 때문에 망원경으로는 전혀 보이지 않는다. 전파탐지기에는 어군도, 해저도 반응이 없는 1,460미터의 심해가 계속되고 있다. 잠시 앞으로 가니 전파에 암초가 나타났다. 170미터 선이다. 이 층이 7해리 정도 계속된 다음 끝없는 단층이 나타난다. 1,300미터 선이다.

수평선에 죽도는 점차 남색 그림자를 띠고, 전설의 귀신섬을 연상시킨다. 작은 육지조차 볼 수 없는 절해의 고도가 지금 일한 양국의 영토권 주장의 중심이라고 생각할 수 없을 정도다. 500미터 정도까지 접근했지만 망원경으로 사람의 그림자도 볼 수가 없다. 발포 위험이 있어서 그 이상 접근하지 않고 선회했다.

　남단과 북단 동문(洞門)이 희뿌옇게 하늘로 보인다. 다이센이 서쪽으로 방향을 잡았다. 섬 남쪽에서 서쪽으로 돌았다. 동도와 서도 중간지점에 대나무가 움직였다. 배다. 미역을 채취하는 배가 두 척이 있다. 거기에는 똑바로 서 있는 기암이 해안의 절경보다 멋지다. 괭이갈매기가 날아다니면서 운다. 셀 수 없이 많다. 아마 수천 마리, 작은 섬에 떼로 몰려들고, 서도 187미터 절경으로부터 나무 하나 없는 섬의 절벽과 절벽에 흰색으로 줄지어져 괭이갈매기의 섬이라고 해도 좋을 정도이다.

다가오는 전마선

　북쪽으로 항로를 향하는데 해안가에 붉은색의 인간들이 흩어져 있다. 여자다. 한순간 의외의 감정이 일었다. 거친 바다를 헤치고 여기에 오는 것은 남자뿐이라고 생각했던 기자의 예상이 완벽히 빗나갔다. 어느 바위 뒤에서 총을 쏠지 모른다고 생각하니 배에 탄환 구멍이 뚫린 듯한 환영이 엄습하였다.

　하지만 섬에 있는 사람들은 열심히 해초를 따고 있다. 물속에서 올라와 배를 바라보는 자도 있다. 쭉 세어 보니 서른 명이다. 서북에 흩어져 있는 100미터 정도의 낮은 암초를 도니 갑자기 눈앞에서 물보라가 일었다. 강치가 세 마리 헤엄치고 있다. 검은 모습을 한 번 보여준 후 다시 나타나지 않았다. 작년에는 30두 정도 있었다고 하니 잡았을지도 모른다. 바위 뒤에서 작은 깃발을 휘날리며 하얀 동력선들이 모여들었다. 7톤이나 8톤 정도의 배다. 북면으로 돌면 서도의 무너진 해변에 하얀색 페인트로 한국기가 그려져 있다. 그 한편에는 아마도 대한민국이라고 글자를 적은 것 같다.

다이센은 암초를 피해 돌았다. 여기까지 와서 상륙하지 않고 돌아가는 것이 유감이다. 도비土肥 어로 주임, 처음 항해하는 선장 이도우 야스오伊藤康夫에게 부탁하여 한 번 순회하였다. 그러자 동도 서남쪽 작은 평지에 드럼통이 보이고, 미역 건조장이 나타났다. 그 위에 돌인지 시멘트 모양의 표주가 있다. 한국 영토 표식이라는 것을 나중에 알았다. 100미터 정도 접근해도 작은 섬에 모인 괭이갈매기는 날아가지 않는다.

서쪽으로 다시 돌자 아까보다 사람들이 더 많았다. 북쪽에서 배를 멈추자 서도 바위 그늘에서 전파선이 노를 저어왔다. 한국 군인가, 관헌인가, 어부인가. 침을 삼키는 사이 손을 흔들기 시작했다. 우리를 환영하려고 오는 것 같아 안심했다. 가까이 온 배에는 스물다섯 살 전후의 청년 여섯 명이 타고 있었다. 웃고 있어서 적의는 없어 보였다. 다소 안심했다. 그리고 동도에서 또 한 척의 전마선이 가까이 왔다. '손들어'라고 하는 것이 아닐까 걱정했다. 과감히 "섬에 데리고 가 달라"고 말하니, "오케이" 미국 스타일로 흔쾌히 승낙했다.

혼자서 섬에 들어가다

혼자서 섬에 가게 되었다. 혼자서 한국인이 많은 곳으로. 게다가 양국에 문제가 되는 섬에 가려니 비장함마저 든다. 한국인의 전마선에 타자 내게 담배를 권했다. 그리고 청년들과 이야기를 시작하였는데 대부분 일본어를 한다.

"한국군에 소집되어 전쟁에 나갔다. 부상해 돌아왔지만 살아갈 수 없어 상이군인회의 도움으로 미역을 채취하기 위해 왔다. 벌써 20일 정도가 지났다. 발동기선 한 척과 작은 배 네 척이 있다. 섬에는 남자가 스물세 명, 여자가 스물여덟 명 있다. 스무 명 정도의 여자들은 제주도에서 왔다."

여러 명의 입에서 나오는 말을 여기까지 들었을 때 독도에 도착했다. 여기저기 작은 섬에서 쉬고 있던 나체의 해녀들이 일제히 물에 들어갔다. 남자를 부양한다고 유명한 제주도 해녀들이다. 해녀들은 카메라를 대면 잠수해 버렸다. 해녀들은 숨피리를 '휙' 하며 울리는데 여기에서는 작은 한숨 소리와 비슷하다. 남자들은 2칸(間) 남짓한 대나무 끝에 낫을 달고 바닷속의 미역을 자르고, 해녀들은 머리 크기의 두렁박을 띄워 전복이나 소라를 잡는다. 잠수하면 3분 정도는 나오지 않는다. 바위란 바위에는 모두다 20~30센티미터 혹은 43~45센티미터 정도의 미역이 장방형으로 널려 있다.

늠름한 해녀

하늘에는 수많은 괭이갈매기가 춤을 추고 있다. 미역은 적갈색이며 상품이 아니다. 적갈색 미역이라도 한국에서는 10관 37.5kg에 1만 엔이고, 쌀은 5두 75kg에 3,500엔이라고 하니 좋은 장사가 될 것 같다.

하지만 이 절해의 고도에 멀고 먼 제주도에서 여자가 돈 벌러 오는 것이 과연 용감해서일까? 여자들은 대체로 일본어를 하지 못한다. 물보라와 5월의 태양이 해녀들의 빨간 빛을 띠는 피부와 터질 듯한 가슴을 비춘다. 둥근 물안경은 일본해녀와 같다. 어떤 해녀라도 육체미의 편린이 나타난다.

몽돌해변 위가 가옥

해녀들을 지나자 서른 살 정도의 여자가 찢어진 하얀 바지를 입고 바다 근처에서 작은 조개를 캐고 있다. 부식으로 할 것 같다. 손에 난 상처에 빨간약을 바르다가 카메라를 보자 바위 뒤로 숨어 버렸다.

서도의 서안에 올랐다. 거기에는 조금 긴 해안선이 60~70미터 이어졌다. 폭은 2~5미터 정도다. 절벽을 따라 멍석이나 가마니가 깔린 곳이 주거지다. 다음 절벽 안쪽에 있는 동굴은 비나 이슬을 피하는 곳이지만 대부분의 생활은 몽돌해변에서 한다. 취사도 그 바위 뒤에서 한다. 나무 하나 없는 섬이어서 경비선이 아무리 보급을 잘 해주어도 땔감은 부족할 것 같다. 여기에서 일본 영토라고 하는 해상보안청 5촌각 표목은 어디에도 흔적을 찾을 수 없다. 바로 땔감이 되었을 것이다.

누군가가 빨아놓은 하얀 셔츠가 돌 위에 널려 있다. 올려다보이는 절벽 위에 괭이갈매기 두 쌍이 하얀 가슴을 서로 기대고 있다. 재미있는 섬, 풀 말고는 아무것도 자라지 않는 섬. 섬에 있는 사람들의 모습은 태고적 해변에 사는 원시인을 떠올린다. 한국인은 이 섬을 독도라고 부르고 있다. 동쪽의 섬은 낮지만 주위가 넓어서 대도大島라고 부른다. 높은 서도는 소도라고 부른다.

제3장

바닷말류 숲의
독도 어장과 어업 행정

바닷말류 숲이 발달한 독도 어장

 독도 해역은 한류와 난류의 교차로 자리돔, 망상어, 오징어, 상어, 조피볼락, 연어, 흑돔 등 110여 종의 어류들이 계절에 따라 분포하며, 바위틈에는 전복, 해삼, 홍합, 성게, 문어 등 약 370여 종의 무척추동물이 서식하고 있다. 특히 독도 연안은 바닷말류 숲이 발달해 해양 생물에게 오아시스와 같은 역할을 하고 있다. 바닷말류 숲에는 난류성 바닷말류인 대황과 감태를 비롯하여 미역, 괭이모자반 등 약 250여 종이 서식하는 것으로 보고되고 있다.

 독도는 난류와 한류가 만나는 조경 수역으로 해수 순환 시 시공간적 변동성이 가장 큰 해역 중 하나다. 북태평양의 쿠르시오 해류에서 기원한 난류가 대한해협을 통해 동해로 유입되었고, 러시아 인근 해역에서 발생한 한류가 동해를 가로질러 유입되면서 한류와 난류의 교차 해수가 시계 방향 또는 반시계

〈사진 3-1〉 바닷말류 숲이 발달한 독도 어장(울릉도·독도해양연구기지 제공)

방향으로 회전하였다. 시계 방향의 소용돌이가 발생하면 따뜻한 상층의 바닷물이 300미터 근처까지 내려가고, 바닷속 온도가 섭씨 10℃ 내외를 나타내기도 한다. 이렇게 회전하는 소용돌이를 미국 로드아일랜드 대학 연구팀은 '독도 냉수성 소용돌이'라고 이름 짓고 2005년 국제학술지에 발표하였다.

독도해역에는 바닷말류 숲이 형성되어 있다. 바닷말류 숲seaweed beds이란 바닷속의 그린벨트로 미역을 비롯한 다시마, 대황, 감태 등 다시마목과 모자반목을 포함한 대형 갈조류 군락이 형성된 어장을 말한다. 수심 5미터 해조 군락에는 미역, 감태, 대황, 부챗말, 괭생이모자반 등 대형 갈조류와 작은 구슬산호말, 넓은게발 등 산호조류가 많고, 수심 10~15미터 사이에는 감태, 부챗말, 괭생이모자반, 외틀개모자반 등 대형 갈조류가 많다.

독도해역 중 전체 해조류의 72.4퍼센트가 미역과 감태일 정도로 독도의 바닷말류 숲에는 미역이 많이 자라고 있다. 1954년 일본 어민이 독도 어장으로 불법 출어하였는데 미역이 아주 길어 밧줄 대신 사용하였다고 한다. 당시 독도 어장을 조사한 수산과 기사 이가와井川는 독도에는 미역이 많고 전복이 적어 수익을 기대할 수 없다고 평가할 정도로 독도에는 미역이 많았다.

독도미역에 대한 기록은 1906년 간다 요시타로神西由太郎의

〈그림 3-2〉 일본인이 밧줄로 사용한 독도미역(시마네현 다케시마전시관)

「다케시마 시찰」이다. 그는 독도 바위에는 김이 검은 담요처럼 빽빽이 덮여 있고, 전복도 많이 있으나 미역은 거의 없다고 기록하였다.

    미역은 어린싹이 해안에 조금 붙어 있는 것을 보았을 뿐이며, 본디 그곳의 해황으로 보건대 자라는 것이 적지 않지만 강치가 좋아하는 먹이로 삼고 있어서인지 아니면 자라자마자 이것을 포식하면서 계절이 아직 최고조에 이르지 않아 그런 것인지 의문이 들었다. 전복은 주위 해안에 많이 서식하는 것으로 확인된다. 이 섬에서 나는 전복은 크지 않으며, 무게가 100목에서 120목 정도로 그보다 큰 것은 없다. (중략) 통조림용으로 공급하기에는 적당하다고 생각된다.

- 「다케시마 시찰竹島の視察」,
『근현대 강원도와 울릉도 교류 이야기』, 586쪽

한반도 연안의 수온보다 높은 독도는 겨울철부터 미역의 어린싹이 자랐지만 용승작용으로 6월 말까지 미역이 채취되었다. 울릉도미역은 3월 말부터 5월 말이 제철이지만 독도는 울릉도보다 수온이 낮아 6월까지가 제철이다. 해녀들은 3월부터 울릉도에서 미역을 채취하기 시작해 6월 말에 독도에서 마무리하였다.

한편, 독도 전복은 통조림 원료로 쓰였다. 일제강점기 울릉도에서 통조림공장을 운영한 일본인 오쿠무라 헤이타로奧村平太郎는 일본인 독도강치어렵권자로부터 공동어업권마을어업권을 구입해 약 3개월간 독도에서 전복을 포획했다. 독도 어장을 경영한 울릉도 일본인은 90톤의 잠수기 모선 2대와 20톤짜리 운반선, 잠수기 2대, 작은 배 5척, 조선인 어민 40명감독자는 일본인

2~3명을 고용해 매년 전복을 포획하였다. 1941년에는 제주해녀 16명을 고용해 성게를 채취하였다. 울릉도 주민들은 독도 어장을 매년 왕래해 독도의 해저 지형과 해류의 흐름, 어장의 상황 등을 잘 알고 있었으므로 일본이 패망하자 즉시 독도 어장으로 도항하였다.

 1942년경 울릉도 주민 윤상길, 김무생, 그리고 저동에 사는 미역채취인들이 독도 어장으로 건너갔다. 이들은 대나무 두 개를 연결한 장대를 사용해 낫을 단 낫대로 미역을 배 위에서 채취하였다. 이 어업은 해녀어업에 비해 노력이 많이 들고, 유실되는 미역이 많아 생산성이 낮았지만 독도 어장에는 미역이 많았다.

 미역 채취하는 데 가장 효율적인 방법은 해녀의 나잠어업이다. 물속에 들어가 미역 다발을 안고 올라오는 나잠어업은 잠수를 몇 번만 해도 망사리에 미역을 가득 채울 수 있다. 독도 미역은 3미터 정도로 크고 길어서 해녀가 미역을 끌어안고 올라왔다.

 미역 따는 것도 이렇게 손으로 들고나오고, 미역을 안아서 나온다. 이렇게 하면 많이 가져올 수 있어. 미역이 많이 있으니까. 독도는 미역이 말도 못하게 많이 있어. 낫으로 이렇게 벤다. 몇 번 물속에 들어갔다 나오면 망사리가 하나 가득이야. 옆으로 움직이면 사공들이 알아서 올려. 그리고 빈 망사리를 던져주면 다시 미역 작업을 한다.

- 조봉옥 해녀

미역을 가장 효율적으로 채취하는 방식은 해녀어업이었고, 해녀는 짧은 시간에 많은 미역을 채취했다.

세계 최대의 미역 생산국, 한국

전 세계에서 미역을 가장 많이 소비하는 나라는 한국이다. 한국 다음으로 일본이지만 한국 미역 소비량의 5분의 1도 되지 않는다. 여전히 미역은 한국인의 전통식품으로 사랑받고 있으며 해녀어업의 대부분은 미역이 차지하고 있다.

조선시대 미역藿어장은 연해의 고기잡는 어전魚箭, 어조漁條, 어장漁場, 어기漁基 등과 함께 세금 부과 대상이다. 경상도에서는 미역이 나는 곳을 토지처럼 여겨 곽전藿田이나 곽암藿岩이라고 하였고, 울릉도 남양어촌계에서는 미역바위가 수면 밑에 평평하게 펼쳐져 있어 곽전이라고 하였다. 이것은 미역이 생장하는 연안의 바위 수중에 전부 잠겨 있거나 일부가 수면 위에 솟은 바위를 육지의 논밭과 같이 언제나 확정적이고 불변적인 관념에서 사용하는 표현이다. 미역 생산지는 항상 고정되어 있으며, 미역의 맛이나 빛깔 등은 생산지에 따라 조금씩 차이가 났다.

조선시대 미역을 가장 많이 생산했던 곳은 제주도였으나 품질면에서는 경상도 울산, 장기, 기장, 웅천 등 동해안 지역이 유명하였다. 1900년대 평양에서 거래된 미역을 보면 울산과 장기 미역은 1속, 즉 10매에 160원, 삼척군은 10매에 대 200원, 중 140원, 소 100원, 제주도 미역은 100매 소형이 28원이었다. 동해안 미역은 단단하고 맛이 좋아 주로 산모용으로 거래되었고, 제주도 등 남해안 도서 지역의 미역은 두께가 얇고 품질이 낮아 저렴한 가격에 판매되었다. 동해안 미역은 제주도 미역에 비해 6~7배 이상의 가격에 판매될 정도로 품질이 좋고 유명하였다.

우리나라의 미역 관련 기록은 역사적으로 풍부하고 다양한 자료로 확인된다. 미역은 진상지에 따라 혹은 종류별로 분곽, 조곽, 곽이, 사곽, 감곽 등으로 구분되었다. 미역에 함유된 칼슘, 철, 마그네슘, 칼륨 등의 영양소는 미네랄이 풍부하고 항균 및 항바이러스 특성으로 감염 예방에 효과적으로 알려져 허약자나 산후임산부의 보양식품으로 이용되었다. 1783년 정조 7 『국조보감(國朝寶鑑)』에는 "기근이 닥치면 양식과 함께 7~10세까지는 미역 2입을, 4~6세까지는 1입을 지급하라"며 기근 시 배포해야 할 식품으로 지정하였다.

미역은 원기보양식으로 인식되었고 산후의 의식용이나 제사용, 일용 상찬으로 소비한다는 점에서 일본과 다른 한국의 전통적 음식 문화이다. 1938년 경북 김천을 조사한 일본인 무라야마 지준村山智順의 기록을 보면 "아이를 낳았으면 삼신제를 지낸다. 산기가 있으면 바로 시어머니나 보모가 주제자主祭者가 되어 흰쌀밥과 미역국으로 밥상을 차려 산실産室 벽을 향해 올리고 안산을 기도한다. 출산 후에는 산부에게 이 제물을 음복하게 한다"고 하였다. 이러한 관습은 미역을 자손번성과 관련된 의례용으로 이용했던 한국의 전통적 문화를 나타낸 것이다.

동해상에 위치한 울릉도·독도는 미역 어장이었다. 19세기 말 울릉도 개척 명령을 받은 검찰사 이규원은 "울릉도 주민들이 선박건조와 미역 작업을 한다"라고 기록하였다. 주민은 대략 140여 명으로 전라도 고흥 출신이 94명, 순천 21명으로 대부분 전라도 사람들이었다. 이들은 봄에 울릉도에 들어와 나무를 베어 배를 만들고, 미역을 채취해 고향으로 돌아갔다. 이들은 울릉도에는 "좋은 나무 탐진 미역 구석구석 가득 찼네"라며 나무와 미역이 많다고 전했다.

1962년 3월 20일 자『민국일보』는 1875년 거문도에서 태어난 김윤삼 노인의 어업 활동을 소개하였다. 김윤삼 노인은 원산에서 물건을 싣고 울릉도로 가서 배를 만들고, 독도로 가서 미역과 강치를 포획하였다. 1895년 독도로 간 김윤삼 노인은 독도 어업과 도항 과정을 다음과 같이 구술하였다.

〈그림 3-3〉 1875년 거문도 서도리에서 출생한 김윤삼 노인의 증언(「천 석짜리 뗏목으로 왕래」, 『민국일보』, 1962년 3월 20일 자)

1895년 되던 여름철에 '천 석짜리' 무역선 5~6척이 원산을 거쳐 울릉도에 도착하여 그 울창한 나무들을 찍어 뗏목을 지었다. 날이 맑을 때면 동쪽 바다 가운데 어렴풋이 섬이 보였다. 나이 많은 뱃사공에게 저것이 무엇이냐고 물었다. "저것은 돌섬 독도의 별칭인데 우리 삼도거문도에 사는 김치선 할아버지 때그 당시로부터 140년 전인 1820년경부터 꼭 저 섬에서 많은 가제강치-주를 잡아간다고 알려주었다. 일행 수십 명은 원산 등지에서 명태 등을 실은 배를 울릉도에 두고 뗏목을 저어 이틀 만에 약 200리 되는 '돌섬'에 도착했다. 섬은 온통 바위였는데 사람이라고는 없었다. 돌섬은 큰 섬 두 개 그리고 작은 섬이 많았는데 큰 섬 사이에 뗏목을 놔두고 열흘 남짓 있으면서 가제도 잡고 미역, 전복 등을 바위에서 땄다.

-「천 석짜리 뗏목으로 내왕」,『민국일보』, 1962년 3월 20일 자

김윤삼 노인은 독도를 '돌섬'이라고 하였고, 울릉도와 독도 사이의 거리가 200리里, 1리=0.3927km이며, 독도 어장으로의 도항 방법은 떼배였고, 독도 어장의 모습과 어업 방법 등을 자세히 구술하였다. 따라서 1900년 대한제국 칙령 제41호의 석도石島 지명은 거문도어민의 어업 과정에서 계승된 명칭으로 독도의 어원은 석도이므로 일본의 주장이 허구임이 증명된다. 1905년 독도를 편입한 일본의 각의 결정문에는 "(독도가) 타국이 이를 점령했다고 인정할 만한 형적이 없다"라고 하였으나 울릉도에서 활동한 거문도 사람들은 1820년경 독도에서 강치잡이와 미역 채취를 하고 있었다.

울릉도 어장의 입어 관행과
독도 어장

 일제강점기에는 매년 3천 명 이상의 해녀들이 제주도를 떠나 한반도 전역과 일본, 중국, 러시아 등 동북아 일대에서 활동하였다. 해녀의 주요 생산물인 우뭇가사리, 가사리, 감태 등은 일본에서 양갱이나 과자를 만드는 재료, 상처를 소독하는 의약품, 화약을 만드는 재료, 비단을 짜는 풀, 건축용 자재의 값비싼 원료 등으로 이용되었기 때문에 조선총독부는 제주해녀의 어업 활동을 지원하고 해조류 어장을 적극 개발하였다.

 그러나 동북아시아로 확대되었던 해녀 어장이 일본 패망 후 국내 어장으로 축소되어 해녀어업이 포화 상태가 되었다. 한국 정부는 해조류의 수출을 목표로 어장을 개발하며 해녀어업을 장려하기 시작했다. 1946년 23만 톤에 불과하였던 생산량을 1947년 220만 톤, 1948년 266만 톤, 1954년 365만 톤으로 높였다. 또 외화 획득의 총아인 우뭇가사리를 개발하기 위해

1948년 경북 영일·구룡포·양포·대포·청하·축산·영해·감포 어장에 1천 500명의 제주해녀를 투입하고 쌀과 잡곡을 지원하였다. 경북 어장에서는 1955년까지 2천여 명의 해녀가 한천 원료인 우뭇가사리를 채취하였다.

그런데 제주를 떠난 해녀의 어장 이용은 '입어入漁'의 형태였다. 수산어업법상 '입어'란 '입어자가 공동 어장에서 수산동식물을 채취하는 것'으로 규정하고 있었다. 즉 해녀의 어장 이용은 '공동어업의 어업권자가 종래의 관행에 의하여 그 어장에서 어업하는 자의 입어를 거절할 수 없다'는 어장 관행에 따른 어업이었다.

하지만 공동 어장의 어업권자들은 이를 허락하지 않았다. 공동 어장에서는 제주해녀를 '보작이년', '제주년'이라고 불렀고, 풍속을 어지럽히고 어업 질서를 교란하는 침략자로 인식하였다. 수산업법 제10조에 의해 공동 어장의 매매는 엄연히 금지되어 있었음에도 지선수협에서는 공동 어장을 공매함으로써 해녀의 입어를 거절하였다. 1954년 경북 해녀 어장을 시찰한 제주도의회 강성건 부의장은 "곽암에 부착된 미역이 열 주라고 가정하면 해녀는 두 주를 가지고 여덟 주는 곽암주가 가지는 노예 어업"이라며 해녀의 비참한 어업 상황을 한탄하였다.

입어 어장에서 미역, 우뭇가사리, 청각, 모자반 등은 어업조합과 해녀가 5:5 비율로 나누는 것이 관례였지만 해녀의 몫인 5는 수협을 비롯하여 어협지도원 수당, 저울 속임, 기타 제잡비 등이 공제되어 1할 5푼밖에 되지 않았다. 또 어업조합은 방파제 수축, 신호등 가설 등을 빙자하여 해녀에게 무리한 요구를 하였고 해초류 위탁 판매금을 장기 지체해 어업 대금을 미루어 주지 않았다. 해방 후 어업 공간이 사라진 제주해녀들은 어업을 하지 않으면 살아갈 수 없었기에 인권 유린을 당하면서도 육지 어장을 찾아갈 수밖에 없었다.

이렇게 제주해녀의 어업 기반이 붕괴했을 때 독도 어업이 시작되었다. 비록 독도에는 고된 노동 후에도 씻을 물이 넉넉하지 않고, 비와 바람을 피할 수 있는 동굴이 전부였지만 어장이 있었다. 다른 지역에서는 어장 이용을 반대하는 주민과 차별의 시선에 시달려야 했지만 독도에서는 방세 걱정도 없었고, 주위 시선도 신경 쓸 필요가 없었다.

해녀들 사이에서 독도 어장은 비밀의 장소였고, 선택된 자들만이 가는 보물섬과 같은 곳이었다. 박옥랑 해녀는 다른 해녀들에게 발설하지 말라고 주의를 받았고, 송경숙 해녀는 "가고 싶어도 못 갔어. 데려가지 않았어"라고 말했다. 송경숙 해녀는 독도에서 노를 잘 저어 미역을 운반하였고, 해녀들에게 점심 도시락과 필요 물자를 전달하는 사공일을 하였다.

해녀들은 거주할 공간이 없어 서도 자갈밭에 가마니 몇 장

〈그림 3-4〉 1959년 독도에 간 송경숙 해녀(2013년 7월 14일)

〈그림 3-5〉 일본에서 활동한 송경숙 해녀

〈그림 3-6〉 어린 시절 송경숙 해녀

을 깔고 잠을 잤다. 40~50여 명이 단체로 갔을 때는 물골에 나무로 2·3층의 단을 만들어 잠을 잤다. 생존을 위한 싸움이 치열했지만 독도 어장에서 해녀들은 풍요로운 삶을 꿈꾸었다.

  해방 후 울릉도로 건너간 해녀는 제주도 협재 출신의 이춘양 해녀를 비롯해 박옥랑, 고정순, 김정수, 박춘산 등 여섯 명으로 알려져 있다. 이춘양 해녀는 포항과 부산을 왕래하면서 장사를 하던 중 울릉도해녀가 없고 미역이 많다는 이야기를 듣고 사촌 동생들을 데리고 갔다. 박옥랑 해녀는 이춘양 해녀가 울릉도를 알게 된 과정을 다음과 같이 말했다.

> 포항사람이 우리 형님(이춘양 해녀)에게 하는 말이 울릉도에서 오징어를 가져와서 팔라고 했어. 울릉도 가라고 하니 (형님이) "울릉도에 미역 같은 거 납니까?" (물어보니) 울릉도 다녀온 사람이 "미역 작업은 남자가 한다. 낫으로 베어서 하는 거 다니면서 보았다"고 했어. 우리 형님은 해녀야. 그래서 딴 사람 데려가면 원망하니 안 될 것 같아 우리 사촌들만 (데리고 가야겠다고 생각했어). 문득 생각하니 딴 사람들 데려가면 돈도 못 벌고 원망을 듣겠다 싶어서, 고모 딸과 사촌 딸, 오빠 딸 우리 사촌이 여섯이야. 사촌 여섯만 (울릉도에) 갔어.
>
>   – 박옥랑 해녀

〈그림 3-7〉 박옥랑 해녀(2013년 8월)

당시 울릉도 주민은 구릉지에서 옥수수나 감자를 경작하면서 미역과 김을 채취하는 자급자족 생활을 하였다. 일제강점기 울릉도 오징어어업이 발달했지만 일본인이 떠나자 목선만 남았고, 어업은 간단한 어업과 미역·김 정도였다. 오징어어업은 울릉도를 대표했지만 판매처가 없어 울릉도인들의 주요 어업은 미역과 명태어업이었다. 1960년 중반 목선이 동력화되면서 울릉도 오징어어업이 다시 시작되었지만 해방 후 울릉도의 주요 어업은 미역이었다.

〈그림 3-8〉 떼배로 미역을 채취하는 울릉도 주민

해방 후 울릉도에서는 어촌계가 3월 삼짇날 미역 해금을 알리면 남성들이 떼배를 타고 45센티미터 높이의 목각 사각통에 유리를 댄 물안경과 낫대를 들고 미역을 채취하였다.

그런데 미역을 전문적으로 채취하는 해녀들이 도항하자 큰 소란이 일어났다. 생존에 위협을 느낀 울릉도 주민들과 해녀 사이에 충돌이 발생한 것이다. 박옥랑 해녀가 1953년 울릉도에 입도했을 때 울릉도 주민들의 당황한 모습을 떠올렸다.

울릉도 사람들이 떼배 타고 왔어. 자기들 미역 다 해버린다고. 해녀들이 바다에서 나오니 탄식했어. 자기들은 물안경을 끼고, 미역이 어디 있는지 알고 있는데…. 해녀들이 다 해버린다고. 어업조합에 가서 말했어. 조합 사람들은 해녀가 어떤 사람인지 몰랐어. 생전 본 적이 없으니까.

- 박옥랑 해녀

울릉도 미역 어장은 울릉도 주민들에게 생업의 터전이었다. 그들은 어업조합으로 달려가 항의하고 어장 이용을 거부했다. 해녀의 어장 이용은 수산어업법상 '관행에 따른 입어'로 인정되었지만 울릉도 주민들은 허락하지 않았다. 해녀들은 어장 이용을 허가받기 위해 문어, 해삼, 전복 등을 따서 주민들에게 나누어 주었고, 제주도에서 가져간 양식으로 오메기떡을 만

들어 나누며 환심을 사려고 노력했다. 그러나 울릉도 어장 이용은 쉽지 않았다. 울릉도 주민들은 해녀들에게 독도 어장을 소개하며 미역이 '썩어 난다, 미역이 좋다'며 독도 어업을 권유했다. 해녀들은 울릉도에서 작업을 마치면 5월경에 독도로 갔다. 박옥랑 해녀는 독도로 간 이유를 설명했다.

울릉도 사람 누군가가 "독도는 미역이 많이 나고 미역이 썩어 넘친다, 막 흘러넘친다. 미역이 너무 좋다"고 했어. 우리 형님_{이 춘양 해녀}에게 "독도 한번 가보라고. 미역이 많고, 아무도 없는 섬"이라고 했어. 형님이 이상하다고 (생각했어). 울릉도를 한 1년 다니다 보니 (울릉도 사람들이) 독도 좋다고. 막 좋다고 하니 형님이 배를 구했어. 날씨가 나쁘면 10시간, 좋으면 8시간 9시간이 걸린다고 했어. 가는 시간이 문제였지만 우리는 형님이 하자는 대로 했어. 울릉도 일을 모두 끝내고 5월에 독도에 갔어.

– 박옥랑 해녀

독도는 울릉도에서 10시간 걸렸지만 해녀들은 주저하지 않았다. 울릉도 어장은 주민들의 허락을 받아야 했으나 독도에는 어업권자가 없었고 권리를 주장하는 사람이 없어 자유로운 어장이었다. 어장 확보야말로 해녀어업의 가장 큰 목적이었으므로 도항에 주저함이 없었다.

그런데 어떤 울릉도 주민은 독도 도항을 말렸다. 박옥랑 해녀는 바람이 불면 배가 뒤집히는 위험한 그 먼 곳에 왜 가려고 하냐며 반대하는 주민들을 떠올렸다.

울릉도 사람이 어딜 가냐고 물었어. 독도에 간다고 하니 위험하니 가지 말라고 했어. 다들 돌아가면서 위험하다고 했어. 우리 형님(이춘달 해녀)이 이유를 물으니, 멀고 우리도 가봤는데 겁이 난다고 했어. 혹시 바람 불면 뒤집히니 위험하다고 하는 거야. 우리가 독도에 가려고 짐을 챙기니까 너희들은 헛똑똑이라고 했어. 형님을 만류하는 걸 들었어. 울릉도 사람들은 아주 멀고 위험한 곳으로 생각했어. 짐을 다 실으니 우리를 바보라고 했어.

– 박옥랑 해녀

가지 말라는 울릉도인들의 충고도 바보라고 무시하는 울릉도인들의 만류도 해녀의 의지를 꺾을 수 없었다. 독도는 10시간이나 걸렸다. 정신을 차릴 수 없을 정도로 배가 출렁거렸다. 해녀들은 멀미할 때마다 왕사탕을 입에 넣고 멀미를 참았다. 박옥랑 해녀는 아직도 잊히지 않는 당시를 떠올렸다.

우리는 오징어잡이 배, 작은 통통배를 타고 갔어. 아이고 나는 너무 무서웠어. 파도는 막 덮치고, 아이고 멀미로 계속 토하고, 우리 사촌들도 모두 멀미로 정신을 차릴 수가 없었어. 배가 뒤집힐 정도로 파도가 무서웠어.

- 박옥랑 해녀

〈독도 최초의 주민 최종덕의 울릉도 잠수기어업〉

제주도 한림읍 옹포리에서 태어난 양경출 해녀는 23세에 시집간 친구를 찾아 울릉도에 갔다. 그는 최종덕이 경영하는 잠수기어선을 탔다. 잠수기어업은 배에서 기계로 산소를 공급하면 어민은 고무호스로 공급되는 마스크를 쓰고 전복, 소라 등을 포획하였다. 잠수복은 최종덕이 러시아에서 구입한 최신식이었다.

최종덕은 1957년경부터 울릉도에서 잠수기어업을 운영하였고, 1965년부터는 독도에 거주하면서 잠수기 어장을 경영하였다. 잠수기어업은 어업조합의 허가권을 받아야 하는 허가어업이었다. 당시 도동어촌계에서는 전복 크기를 재는 틀을 가지고 다니면서 작은 전복을 잡지 못하게 감시했지만 해녀는 큰 전복은 망사리에 놓고 작은 전복은 조래기(그물로 만든 작은 주머니)에 숨겼다가 몰래 팔아서 생활비를 마련했다. 울릉도는 바위 구멍마다 마실 물이 나와 점심을 바위에서 나오는 물로 해결했다.

-『숨비질 베왕 남주지 아녀-제주해녀 생애사 조사 보고서』

독도 어장의 어업 행정

독도 수역은 대체로 지선地先 어민의 소유를 인정하고, 경제적 기반이 되는 마을어업공동어업과 잠수기를 이용한 허가어업, 연근해 어장의 어선어업으로 나눌 수 있다. 어민들의 경제 활동과 관련된 어장은 마을 어장공동어장이다. 공동 어장은 1년 중 해수면이 가장 낮은 평균 수심 15미터 이내에 면허하는 어장으로, 예부터 마을 어장을 어촌계나 지구별 수협에 한하여 면허했다.

독도의 마을 어장은 수심 15미터 이내에서 미역, 전복, 소라 등을 채취하는 어장이며, 사람이 살지 않는 무인도였으므로 입찰에 의해 허가되었다. 독도 어장의 이용권자는 남면에 주소지를 둔 자, 또는 수산업협동조합법에 따라 도동어촌계원이 우선적으로 면허를 받았다. 수산업법 제3장 제27조의 마을어업권공동어업권의 면허 우선순위는 다음과 같다.

제27조(우선순위) 해당 어장이 소재하는 그 지역 어민의 공동이익을 위하여 공동경영의 필요가 있다고 인정할 때에는 그 구역 내에 주소를 가진 어민이 조직하는 법인이 다음 각호의 전부에 해당할 때 전 각 항의 규정에 불문하고 제1순위로 한다.

수산업법 제10조 제1종 마을 어장의 면허는 '일정한 지역 안에 거주하는 어업자의 어업 경영상 공동이익 증진에 필요한 때 한하여 면허한다'고 명시된 어촌계가 관리하는 공유 어장이었다. 따라서 마을 어장은 촌락공동체의 총유재산권적 성격으로 부여되어 어촌계 또는 지구별 수산업협동조합에 한하여 면허되었다.

1953년 홍순칠 대장은 독도 주둔을 계획하고, 자체 경비를 마련하기 위해 독도에서 미역 채취를 구상하였다. 1953년 공포된 법률 제295호 수산업법상의 공동 어장은 '일정한 수면을 전용하여 패류, 해조류 또는 수산청장이 정하는 정착성 수산물을 채포하는 어업'으로 도지사의 면허가 필요한 어업이다. 개인이나 일정 단체의 면허가 허용되지 않았으나 수산업법 제20조 제2항 '국방 기타 군사상 필요할 때'는 공익상 필요에 의한 제한·정지·취소 규정이 적용돼 독도의용수비대에 공동어업권 중 미역 채취어업이 허가된 것으로 보인다.

〈그림 3-9〉 독도 어장을 경영한 독도의용수비대원 정원도(정대운 전 도의원 제공, 2011)

　무진장한 미역을 버릴 것이냐, 아니면 따서 수비대에 충당할 것인가를 대원들과 상의했다. 모두 작업을 해서 팔자는 얘기였다. 그럼 대장은 제주에 건너가 해녀들을 데리고 올 것이니 대원들은 미역 따는 준비를 완벽하게 해 두도록 부탁하고 해녀 인솔차 제주도로 갔다. 50명의 해녀, 잡역 20명, 운반선 세 척, 독도의 식구는 100명이 훨씬 넘었다.

－ 홍순칠, 87쪽

　홍순칠 대장은 경상북도 도지사로부터 미역채취권을 허가받았다. 그만큼 독도 어장의 미역어업은 경제적 가치가 컸으므로 독도의용수비대는 독도 수비를 목적으로 미역채취권을 허가받았다. 독도의용수비대는 독도 주둔과 함께 제주해녀들을 동원해 어장을 경영하기 시작하였다.

독도의용수비대는 '미역채취당'이라는 별칭이 따라다녔고, 홍순칠은 미역 때문에 감옥에 들어갔다고 했다. 이처럼 독도의용수비대의 결성과 배경에는 미역 어장 경영과 독점적 이용이 거론되어 논쟁의 불씨로 남아 있다.

독도의용수비대원 부대장 정원도는 정확하지 않지만 1954년부터 미역 조업을 했다고 증언하였다. 그는 당시 미역어업에 대해 다음과 같이 증언하였다.

문: 그럼 독도에서 작업은 언제 하셨습니까?
답: 그거는 54년? 56년? 57년쯤 될 거야.
문: 그럼 몇 월에 들어가셨나요?
답: 3월 초에 들어가서 7월에 나오지. 미역이 초벌 있고, 두 벌, 세 벌 있는데 약 3개월이 걸려요. 우리가 들어갈 적에는 해녀 스물여덟 명에서 서른 명 정도. 우리가 물골에 가면 나무를 걸치고 그 위에다가, 그 밑에 사람이. 참고 사항으로 물골 안에서 살았어.
문: 그럼 어르신 외에 다른 분들은?
답: 다른 분들도 많이 했죠. 독도에서 미역도 하고, 그 전에 우

리가 할 적에는 수협에서 입찰해서 들어갔고, 전에는 자유로 했지. 어장을 할 적에는 누구든지 가서 그랬어.

문: 수협에 입찰이 넘어간 거는 언제쯤인지?

답: 56년도인가? 57년도인가? 그쯤 되지 싶어요.

문: 그럼 수입이 괜찮았습니까?

답: 옛날에는 미역이 비싸서 괜찮았죠. 그때 돈을 한 70만 원, 80만 원. 요새 돈으로 7천만 원쯤 될 거야.

문: 그럼, 수협 입찰비는 어느 정도 되나요?

답: 얼마인지 모르겠지만, 입찰비가 몇백만 원 갔을 거야. 전체 300~400만 원 줘가지고 그랬을 거야. 낙찰되는 사람만이 어장권을 획득하지.

문: 그러면 한 팀밖에 못 들어가는 겁니까?

답: 한 팀밖에 못 들어가지

문: 그럼 그 해에만?

답: 그 해에만. 알뜰히 해가지고 7월에 나오지.

문: 그럼 해녀들은 3월에 들어가서 7월까지 쭉 계시는 거예요?

답: 쭉 했는데 얼마만큼 하면 따라가…. 그게 그래가 했기 때문에 김공자 하고….

문: 신문에 나오신 그?

답: 그래. 그 아가씨가 스물한 살인가 그랬다더라.

문: 그럼 사진 같은 건 있어요?

답: 없어요. 그 당시 카메라 구하는 게 힘들었어요. 순칠이가 같이 안 찍으면 일도 없어요.

문: 해녀 조업하실 때 물골에서 거주하시고, 조업하시는 곳은 어디인가요?

답: 주변을 뺑 돌아가면 가에 바위에 다 있어요. 가재바위도 있고, 산만디, 등만디 주변에 다 있어요. 동도 바닷가에 미역이 진짜 많았어요.

문: 물골 안에서 스물여덟 명 정도 거주하셨다는데 다 살 수 있어요?

답: 그렇죠. 같이 생활했어요. 반 나눠 가지고. 하하.

문: 해녀는 몇 분 정도?

답: 서른 명 정도 되고, 우리하고 합쳐서 마흔 명 정도 됐어요.

문: 저희가 가보니까 그 정도는 못 살겠던데….

답: 씻는 게 예삿일이 아니에요. 여름철은 덜한데 비가 많이 오면 예삿일이 아니에요. 씻는 거는 물이 계속 나오니까 하고, 최소만 하고. 세수나 하고, 그렇죠. 목욕하고 그런 거는 못해요.

문: 불 피우는 거는?

답: 나무를 가져가죠. 싣고 가야 해요.

문: 3월부터 7월이면 태풍도 있을 텐데. 물골에 있으면 안전한가요?

답: 뭐, 당하지는 않았어요. 지금도 물골이 있으니까. 쓸데없이 막아놨어요. 그런 머리가 안 돌아가니. 홍순칠이 연구해서 물탱크 만들었다고 하는데 도에서 보조 그거 받아서 도에서 공사했는데 어민들 그거 했는데 그게 그냥 놔두면 좋은데….

문: 그럼 그 해녀하고 활동하신 게 언제까지예요?

답: 우리는 한 번 하고 이후에 들락날락은 했어요. 다른 사람이 하고. 그때는 돈 벌었다는 것은 우리뿐이지. 다른 사람은 돈도 못 벌었어요. 우리는 당시에 경비도 했기 때문에 경험이 있었어요. 미역을 널었다가 날아간다든가 그런 게 없었어요.

문: 미역 너는 데는?

답: 바위 위에요. 틈이 있으면 널고 그랬죠. 물골에 가면 앞에 자잘한 돌밭이 있는데 거기도 붙이고. 독도 어디어디 다 댕기면서 그랬어요. 파도가 심하면 올리고 그랬어요. 조직적으로 잘했어요. 우리가 돈 벌었어요. 72만 원씩 벌었으니까.

독도의용수비대는 1954~1957년 독도 주둔 시기에 미역어업을 하였다. 제주도에서 30명, 많게는 50여 명의 해녀가 집단으로 건너왔고, 운반선 3척을 구비하여 울릉도와 독도를 수시로 왕래하였다. 미역어업은 현재 가치로 7천만 원 상당의 고수입을 올릴 정도로 부가가치가 높은 어장이었고 입찰 경쟁이 심했다. 이러한 이유로 독도의용수비대 부대장 정원도는

〈그림 3-10〉 1949년 독도미역어업 시상식(송경숙 해녀 제공)

독도경비대 근무를 그만두고 1957년 300~400만 원의 입찰비를 내고 미역 어장을 경영하였다. 남자들은 풍선배를 이용하여 미역을 날랐고, 미역을 채취하는 해녀, 식사를 전담하는 해녀로 나누어 미역어업을 하였다. 미역 채취는 3월에 시작하여 5~7월까지 3개월 정도 했다.

1962년 1월 20일 각령 제619호로 공포된 수산업협동조합 제4조에 따라 자연부락 단위의 어촌계가 설립되었다. 북면·남면·서면 3개의 행정부락으로 구분된 울릉도어업조합에 총 11개의 어촌계가 설립되었다. 즉 도동어촌계, 저동어촌계, 신홍어촌계, 죽암어촌계, 천부어촌계, 현포어촌계, 태하어촌계, 학포어촌계, 남양어촌계, 통구미어촌계, 사동어촌계 등이다. 울릉도 도동어촌계 관할 어장인 독도 어장은 도동어촌계 소속 1종 공동 어장으로 어촌계 구역에 거주하는 조합원은 어촌계에 가입할 수 있으며, 동일 가구 내에 조합원이 2인 이상일 때는 그중 1인에 한한다고 규정하였다. 1965년 3월 도동어촌계 계원 최종덕은 독도에 주소지를 옮겨 독도 마을어업권을 획득하였다.

최종덕은 1965년 3월 공동어업권을 획득한 후 15년 동안 독도에서 미역, 전복, 소라 등을 채취하면서 세 채의 움막을 지었다. 그는 제주해녀 수십 명을 동원하여 미역어업을 하였으나 양식 미역이 유행한 이후부터는 잠수기어업 허가권을 취득해 전복 양식 사업 등 다양한 사업을 시도하였다. 최종덕은 직접 제주도에 가서 잠수부를 구했고, 이들의 도움으로 잠수기어업을 하였다. 여름에 파도가 거센 2~3개월을 제외하고는 연중 작업이었다.

이처럼 독도 어장은 미역 어장으로 가치가 상당하였다. 독도로 간 어민들은 미역어업을 전문적으로 하였고, 독도의용수비대도 미역 어장을 경영하였다. 이들은 수십 명의 해녀를 모집하고 조직적으로 경영하였다. 이러한 이유로 정부 주도하에 어민 숙소나 어선 계류장을 설치하지 않아도 최종덕은 마을어업권을 확보하기 위해 자발적으로 주소지를 이전하고 거주를 결심하였다. 최종덕은 스스로 집을 짓고 가족들의 주소지를 독도로 옮겼다. 그는 독도 어장의 물적 가치를 보고 충분한 소득이 보장될 것이라는 믿음이 있었다.

다음은 독도 어장의 마을어업권 자료이다.

독도 어장

- 어업권: 경북 면허 제128호 도동어촌계 공동 어장 185.4ha 중 140ha 차지
- 어업권자: 울릉군 수협 도동어촌계

공동 어장 운영

※ 종전 입어자: 행사료 지불 후 입어
- 1965년 3월~1987년 9월: 최종덕
- 1987년 3월~1991년 10월: 조준기 최종덕의 사위
- 연간 입어료: 200만 원 연간 생산량: 25톤, 3천만 원
- 조업 어선: 독도사랑호, 2.49톤 종전: 덕진호 1.99톤
* 독도사랑호는 1991년 건조되었으며, 소유자는 서유석

- 1991년 11월 1일 이후: 도동어촌계 직영
- 연간 생산: 7M/T 60,795천 원
- 조업 어선: 명성호 208톤
- 승선원: 김성도 외 3명

주: 『독도 어장 운영관련 자료』(도동어촌계 내부 자료에서 인용)

물이 있는 섬, 독도

　세상 어느 곳이든 물이 없으면 생활하기가 불가능하다. 독도도 마찬가지다. 독도에 아무리 좋은 미역 어장이 있다고 하더라도 물이 없다면 삶을 시작조차 할 수 없다. 독도 어업에서 필수 요건은 바로 물이다. 1904년 9월 24일 일본 해군은 러일전쟁 당시 독도에 망루를 설치하기 위해 전함 니타카호新高號를 파견하였다. 항해일지에는 "(일본 강치어민들이) 섬 위에 가옥을 지어 약 10일간 체재하는데 다량의 수입이 있다고 한다. 그 인원도 때로는 40~50명을 넘을 때도 있으나 담수淡水 부족에 대해서는 언급이 없다"고 했다. 그러면서 용출되는 장소를 다음과 같이 설명했다.

　담수는 동도 동면으로 들어오는 만灣에서 소량 얻을 수 있으며, 또 같은 섬의 남쪽 B지점에 수면으로부터 3간間, 1間=1.818m.

5.5m 떨어진 곳에 용천이 있고, 사방에 침출한다. 그 양이 적지 않아 연중 고갈되는 일은 없다. 서도의 서쪽 C지점에도 맑은 물이 있다.

- 「전함 니타카호 행동일지戰艦新高行動日誌」

일제강점기 독도에는 40~50명이 체류하며 생활해도 물이 부족하지 않았으며, 여러 곳에서 용출되었다. 용출지는 지금의 선착장 주변인 몽돌해변과 남쪽 해변에서 5.5미터가량 떨어진 곳이다. 서도는 지금의 물골 지역에서 용출되었다.

니타카호는 정보를 수집하는 과정에서 한국인들이 독도를 '독도獨島'라고 쓴다고 했다. 이는 1906년 3월 일본 시마네현 관리들이 울릉도를 방문해 독도가 이름 없는 무인도라며 일본 영토로 편입시킨 사건이 발생하기 2년 전이다.

1904년 일본 정부에 영토편입원을 제출한 나카이 요자부로中井養三郎는 물이 나오는 곳을 다음과 같이 설명하였다.

동도 정상에 움푹 파인 곳에는 고인 물이 있고, 담갈색을 띤 서도에는 염분을 조금 머금은 맑고 찬 물이 깎아지른 듯한 가파른 바위에서 방울방울 떨어지고 있다.

- 「리양코도 영토 편입 및 대하원リヤンコ島領土編入並貸下願」

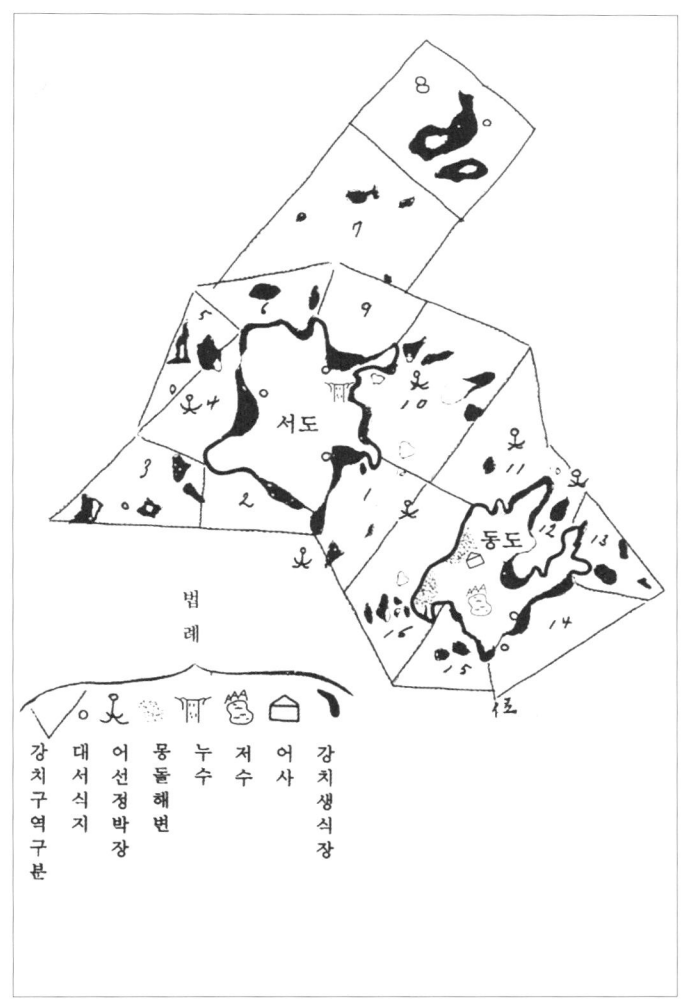

〈그림 3-11〉 독도의 수원지와 몽돌해변(나카이 요자부로, 「리양코도 영토 편입 및 대하원」 부속지도)

나카이 요자부로는 동도 정상과 서도 암석 두 곳에서 물이 나온다고 언급했다. 1900년대 독도의 수원지는 서도 물골을 비롯하여 동도 두 곳이며, 40~50명이 머물러도 부족함이 없을 정도로 풍부했다. 해방 후 독도가 미군 폭격장으로 사용되면서 동도의 수원지는 파괴되어 없어졌고, 서도 물골에서만 물이 확인되었다.

1930년대 독도 강치어렵권자 이시바시 마쓰타로石橋松太郎는 일본에서 쌀 열다섯 가마와 누룩을 가져와 서도 물골에서 쌀을 씻고 밥을 지어 술을 만들었다. 물골의 물은 풍부했다. 그뿐만 아니라 짠맛이 없는 청수였고 술을 만들 정도로 맛이 좋았다.

또 일본인 강치어렵권자는 지금의 동도 선착장 주변에 거주하면서 동도 정상 괴불나무에서 흘러내리는 물을 마셨으며, 울릉도 잠수기 어민들도 오두막에 거주하면서 나무에서 흘러내리는 물을 마셨다. 이처럼 일제강점기 당시 독도의 수원지는 서도와 동도 각각 한 곳에서 물이 나와 이용되고 있었다.

하지만 해방 후 미군기의 독도폭격이 동도에 집중되어 동도의 수원지는 사라졌고, 서도 물골은 바닷물이 섞여 짠맛이 강한 담수로 변해 버렸다. 해녀들은 서도 물골에 숙소를 마련하고 생활하였다.

우리는 물이 있다고 해서 독도에 갔어. 물이 없으면 별별 것이 있다 해도 우리는 갈 수 없어. 어떻게 갈 수 있겠어. 미역이 있다고 해도 물이 없으면 밥을 할 수 없고, 물을 먹을 수 없다. 물이 있고, 미역이 있다고 하니 독도에 갔어. 틀림없이 물이 있다고 해서 가보니 물도 있고, 굴도 있었어.

- 박옥랑 해녀

독도에 아무리 넓은 어장이 있어도 물이 없으면 살 수 없다. 울릉도에서 10시간이나 걸리는 독도 도항은 그곳에 물이 있어 가능했다. 해녀들은 물이 있는 서도 물골에 숙소를 만들고 생활했다. 물골의 수량이 어느 정도인지 정확히 알 수 없지만 하루 400~1,000리터 취수된다고 한다. 독도에서 식수를 확보하는 것은 가장 중요한 문제였기에 생활 장소를 서도에 두었다.

처음 갈 때는 물이 졸졸 나와서 세수도 하지 말고, 빨래도 하지 말고, 아껴 쓰라고 했어. 순경들이 배를 타고 물을 가지러 왔어. 물이 없다고 하면 그냥 돌아가기도 했어. 어떨 때는 조금씩 가져가고. 그렇게 했어. 순경들이 있는 데는 물이 없으니까. 그러다가 나중에는 물이 모이게 만들었어. 홍순칠이 가만 보니까 안 되겠다 싶었는지 만들었어. 그냥 막 크게, 세면대같이 물통을. 그래서 물이 철철 넘치는 거예요.

- 조봉옥 해녀

〈그림 3-12〉 독도 물골의 물통(울릉군 독도관리사무소가 펴낸 소책자)

　물골은 위에서 내려온 물이 땅으로 스며들지 않고 라필응회암과 조면인산암 경계를 따라 흘러내려 모였으나 그 양이 너무 적었다. 그래서 동도에 주둔하는 경비대원들이 물을 가지러 왔다가 그냥 돌아가는 경우도 많았다. 독도의 식수는 물골밖에 없었다. 홍순칠 대장은 물이 잘 고이도록 물골을 파내서 물통을 만들어 취수원을 정비했다.

독도의 유일한 수원지 물골은 어업 활동에 중요한 곳이었다. 어장 경영자는 어업을 시작하면서 물골에 제사를 지냈다. 설사 밤에 도착하더라도 먼저 물골에 가서 제사를 지냈다. 물골신은 신령이 되었고, 제사의 대상이 되었다. 해녀들은 물골신께 "물이 잘 나오고, 안전하게 물질하게 해달라"며 기원했다. 해녀들에 따르면 얼마 없던 물도 제사를 지내면 철철 넘쳤다고 한다.

1958년부터 10여 년간 독도를 왕래한 김공자 해녀는 물골에서 물이 나오는 것이 신기했다. 고향인 협제 앞바다 비양도는 섬이 크고 어장이 좋지만 용천수가 없어 수십 가구가 빗물로 살아 불편했는데, 독도에는 웅덩이에서 물이 샘솟듯이 나와 신기했다.

> 해녀가 많이 가면, 사람이 살면 그것이 거짓말 같아. 사람 숫자가, 우리가 들어갈 때 서른여섯 명에서 마흔 명이었어. 들어가서 보니 물통 한복판에 조그맣게 딱 고여 있어. 물이 넘치지 않고 흘러내리지도 않고. 독도에 들어가면 거기서 고사를 지내. 물통 앞에서 '건강해 달라, 물 잘 나와 달라'고 하면 다음 날 물이 졸졸 넘쳐. 거짓말 같아.
>
> — 김공자 해녀

〈그림 3-13〉 김공자 해녀(2013년)

해녀가 많이 가는 해에는 물이 많이 나오는 '희한한' 섬이고, '물 양이 겁나게 많다'고 독도의 풍부한 식수에 대해 박부자 해녀도 한마디했다.

(최종덕이) 밤에 두그닥두그닥 소리가 나거든 무섭게 생각하지 말라고 했어. 이제 거기에 물이 찰찰 넘쳐서 그 바가지가 이래 갔다가 저래 갔다가 하는 소리가 난다고. 그래도 무섭게 생각하지 말라고. 새벽에 일어난 우리가 바다에 미역 따러 갈 적에는 두 사람씩 (일어나) 밥을 하거든. 스무 명이 가면 스무 명이 먹을 물, 서른 명이 가면 서른 명이 먹을 물, 그냥 물이 철철

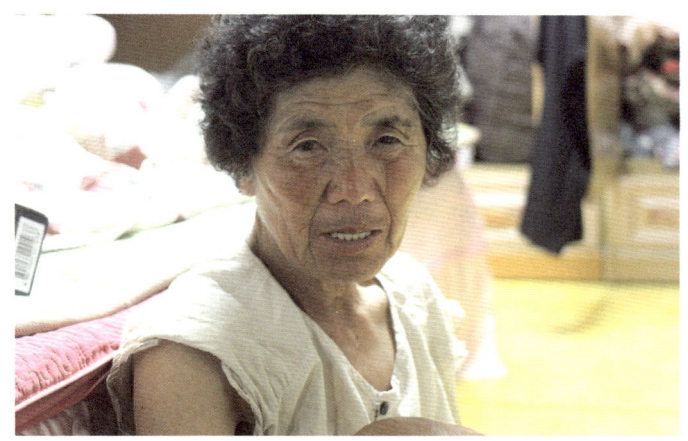
〈그림 3-14〉 박부자 해녀(2013년 7월)

넘쳐요. 우리가 섬을 나오면 물이 딱! 아무것도 없어. 물이 말라. 해녀가 들어가면 또 줄줄 나와요. 참 신기합니다.

- 박부자 해녀

어장 경영자는 어업을 시작하기 전에 돼지 한 마리를 가지고 가서 제사를 지냈다. 제사를 지내고 나면 거짓말처럼 물이 잘 나왔고, 쓰고 나면 다시 채워졌다. 이틀에 한 번씩 동도의 경비대원들이 물을 가지러 왔다. 1957년 12월 고 김영열당시 33세 순경이 물골에서 물을 길어오던 중 추락해 숨지는 사고가 발생했다.

〈그림 3-15〉 독도어민보호시설기념 (독도박물관총서, 『한국인의 삶의 기록』, 2018.)

 독도 최초의 주민 최종덕은 식수를 안정적으로 확보하기 위해 1966년 10월~11월 22일 경상북도의 지원을 받아 물골 취수원에 덮개 공사를 했다. 경상북도는 항구적인 식수원 확보를 기념해 '독도어민보호시설' 동판을 서도에 세웠다.
 현재 독도어민보호시설은 물골 외벽 설치로 햇빛이 거의 들지 않아 물은 고여 있고, 조류 배설물 등이 유입되어 수질이 좋지 않다. 경북대 울릉도·독도연구소는 『독도 모니터링 조사 보고서』에서 물골 재정비하여 이전 상태로 복구할 것을 제안했다.

〈그림 3-16〉 물골의 위치와 시기별 모습(경북대학교 울릉도·독도연구소, 2022, 『독도 천연보호구역 모니터링』 9, 131쪽)

제4장

독도 어장을 개척한 제주해녀

　제주해녀의 독도 도항은 1952~1953년경 이루어진 것으로 추정된다. 일본 수산시험선 시마네마루가 독도에서 한국 어민을 목격한 것은 1953년 5월 28일이었다. 어선 10여 척과 한국 어민 30여 명의 조업 활동을 목격하였는데 이들이 제주해녀였다. 일본 순시선은 6월 25일~27일 3일간 매일같이 상륙해 울릉도 어민들을 불법 심문하였다.

독도 어장을 개척한 제주해녀

 일제강점기 울릉도에 거주한 일본인은 제주해녀를 고용해 성게를 채취했다는 기록이 있다. 이들은 울릉도에 거주했던 해녀가 아니었다. 1952년 한국산악회가 독도 어장을 조사하려고 모집한 해녀들도 울릉도에 거주하는 해녀가 아니었다. 울릉도에 거주하는 해녀들은 없었다.

 제주해녀의 울릉도 도항은 협제 출신 이춘양 해녀가 도항하면서 시작되었고 그가 울릉도에서 해녀를 모집하는 중간 역할을 하였다. 해녀의 독도 도항은 해녀들이 제주도에서 포항→울릉도까지 각각 배편을 이용해 각자가 울릉도로 왔고 함께 독도로 도항하였다.

 1952~1953년경 울릉도로 간 고정순 해녀는 18세에 독도로 도항했다. 그는 물질을 잘하지 못해 미역을 널거나 잔심부름을 했다. 해녀 여섯 명과 서도 물골에 살면서 갈매기알을 삶아

〈그림 4-1〉 1941년 독도 어장의 제주해녀(시마네현, 「다케시마리플릿」, 2022년판)

먹으며 한 달간 살았다. 그는 고향에 돌아온 후 다시는 독도에 가지 않았다. 협재해녀들의 독도 도항 시기는 정확히 알 수 없으나 경비초소가 건설되기 전인 1954년 이전으로 짐작된다.

> 나는 경비대원 오기 전부터 갔지. 경비대원이 경비 안 할 때부터 갔어. 일본 배(일본 순시선-주)들이 돌아다녔고, (일본 순시선은) 우리를 해녀로 안 보고 무슨 중생으로 봤는지 막 가까이 들어왔어. 일본 배가 들어오면 우린 무서워서 굴로 들어갔어. 다른 (나라) 배들은 다 지나가는데 일본 배만 멀쩡하게 옆으로 자꾸 들어왔어. 자기 나라 땅이구나 하면서. 그것들은 몇 번 돌았어. 몇 번 돌다가 갔어.
>
> — 박옥랑 해녀

독도 어장에 도착한 해녀들은 너무도 놀랐다. 높은 오름만 있고 사람 다닐 곳이 없었다. 어디가 어장인지 몰랐으나 뱃사공의 말을 듣고 둘러보니 미역이 빼곡하게 자라고 있었다. 해녀는 미역 어장을 보고 "살았구나!" 하고 외쳤다. 독도가 우리를 "먹여 살리는구나"라며 감격했다.

> 독도에 가보니 기가 막혔어. 높디높은 오름만 있고, 뭐 사람 다닐 곳도 없었어. 이쪽도 섬이고, 저쪽도 섬이고, 섬밖에 없었

〈그림 4-2〉 고정순 해녀(정중앙)와 필자

어. 아이고, 기가 막힌다. 우리 형님이 하는 말이 미역 따면 저기 저편에 널고…. 독도에서 생미역은 못 가지고 나온다, 울릉도가 멀어서. 둘러보니 미역 널 곳도 있고, 물도 있고, 자갈밭도 있고, 굴도 있었어. 울릉도 뱃사공이 하는 말이 "일본 사람이 와서 일본 땅이라 하고, 우리 한국 사람이 와서 한국 땅이라고 한다"며, 큰 전쟁이 났던 곳이라고 했어. 거기 큰 섬에 배를 대고 돌아보니 굴도 있고, 다시 돌아보니 물도 있었어. 그걸 보고 이제 살 수 있겠다, 우리 이제 살면서 미역 딸 수 있겠다고 생각했어. 물이 없으면 독도에 사람 못 산다. 물질은 해도 물 없으면 (살 수 없어).

〈그림 4-3〉 장순호 해녀

〈그림 4-4〉 김순하 해녀

"우리가 살려고 하니 물도 나온다. 살았구나!" 서로 소리쳤어.

– 박옥랑 해녀

    독도를 안내한 울릉도 뱃사공은 일본에 빼앗겼던 땅이라고 말했고, 1947년 독도폭격사건이 일어난 위험한 곳이라 항상 조심할 것을 당부했다.
    그래도 해녀들은 너무도 기뻤다. 돈이 되는 미역이 많았기 때문이다. 박옥랑 해녀가 전복을 따려고 하면 맏언니인 이춘양 해녀는 "돈 안 되는 전복을 왜 따려 하느냐, 돈이 되는 미역만 따라"고 했다. 박옥랑 해녀는 전복 하나 먹지 못하고 허리가 꼬꾸라지도록 미역만 땄다고 했다.

    미역도 많고, 소라와 전복도 많았어. 소라와 전복도 전부 배 잠수기선가 와서 가져갔어. 그런데 우리 형님이 그거 하지 말라고 했어. "왜 그래요?" 하면, "사지도 않는 물건이야. 돈 되는 걸 해야지! 왜 전복을 잡으려고 해. 빨리 미역이나 해서 나갈 생각해"라고 핀잔을 주었어. 나는 "소라도 이렇게 많고, 전복도 많이 있는데" 하면, 형님이, "아이고 이런 멍청이가 어딨어. 울릉도에서도 안 사고, 팔아먹을 데도 없는데. 팔 수 있는 물건만 해"라고 했어. 우리는 돈 되는 것만 했어.

– 박옥랑 해녀

해녀들은 미역 채취에 노력하였다. 서도 물골에 가마니를 깔아 잠을 잤고, 양초 5~6개로 불을 밝혔으나 돈이 아까워 켜지 않았다. 제주에서 가져간 보리쌀과 된장으로 끼니를 해결했고, 갈매기알을 먹었지만 식량 부족으로 늘 배가 고팠다.

가마솥을 걸 자리를 만들고, 배 하나 빌려 타고 다녔어. 돌아보니 미역, 소라, 전복이 무진장 많았어. 캄캄한 밤에 촛불을 켜고 미역을 하고, 저쪽에 쌓고. 새벽 대여섯 시에 어찌어찌 밥을 먹으면서 미역을 했어.

- 박옥랑 해녀

미역을 채취하지 못하는 날도 있었고, 미역을 말리느라 저녁을 지을 시간이 없을 때도 있었다.

이 섬에 가서도 굶고, 저 섬에서도 굶으면서 미역 널고 또 미역 뜯어 한 군데 담아 놓았어. 밥을 먹지 못해 미역을 널지 못할 때도 있었어. 어떤 때는 저녁밥도 굶었어. 그때 어린 우리는 '왜 전복을 안 먹지' 하고 생각했어. 배가 고파도 미역만 따라고 해서 미역만 땄어. 미역에 전복이 다닥다닥 붙어 있어도 전복 하나를 먹지 못했어. 미역만 하라고 호통쳐서. 그렇게 하면서 독도를 왕래했어.

- 박옥랑 해녀

독도에서 해녀들은 미역을 말리는 모든 공정을 전담했고, 울릉도로 직접 실어와 판매도 했다. 해녀들은 독도에서 많은 사람이 전쟁으로 희생되었다고 들었지만 미역 어장이 있어 모든 고난을 참을 수 있었다. 해녀들의 강인한 정신력은 일본의 침탈을 막아냈고, 독도를 해녀 어장으로 전환하는 계기가 되었다.

조사자: 사공이 있었나요?

강정랑: 사공, 사공은 없어. 우린 그냥 자유롭게 했어. 사공은 뭐, 없어.

조사자: 그러니까 독도에 들어갈 때 남자들도 같이 가서 배로 미역을 나르는….

강정랑: 아니, 우리는 그냥 우리대로 그냥 했어. 뭔 사공. 그런 거 없었어. 남자들은 안 따라왔어. 여자들만, 잠수들만 갔어.

조사자: 무섭지 않았어요?

강정랑: 무서운 것도 없었어. 그때는 춘양 할머니가 울릉도에서 배를 빌려 실어다 줬어. 그곳은 파도가 세면 못 가. 아주 잠잠해야 갈 수 있어.

조사자: 그럼 몇 명이 갔어요?

강정랑: 그때는 한 열 명, 열 몇 명씩 갔다 왔어. 많이 가지는 않

왔어. 독도에 가면 한두 달, 두 달 살면 바깥으로 나와
야 해. 거기서 미역만 했어. 딴 물건들이 많이 있어도
할 수 없고, 오로지 미역만 했어. 전복이나 소라가 있어
도 미역만 했어. 그땐 그걸 잡아도 판로가 없었어.

조사자: 울릉도에 살다가 독도에 들어갔나요?

강정랑: 우린 바로 독도에 갔어. 그때 그 삼촌. 백이 어신 사람
은 들어가지 못했어. 백이 어신 사람은 그 할머니^{이춘양}
하고 같이 들어가지 못했어. 우린 신창 사람이 있어서
부탁했어. 백이 어신 사람은 가질 못해.

조사자: 독도에는 잘 곳도 없고, 마실 물도 없는데 가려는 사람
이 그렇게 많았어요?

강정랑: 거기, 저 뭐고, 큰 굴이 있어요, 굴. 큰 굴이 있어서 막
여럿이 잠을 자요. 굴 안에서. 동도와 서도가 있는데 동
도에는 경찰관들이 경비하고, 우리는 서도에 사는데,
서도에 막 넓은 굴이 있어요. 그 굴에서 자고, 물 떠다
가 밥해 먹고 했어.

해녀들은 독도 어장을 확인한 후 조직을 구성해 독도로
갔다. 이춘양 해녀 일행은 비밀을 지키며 보물섬을 누구에게도
알려주지 않았다. 새벽 5시에 일어나 미역 작업을 했고, 울릉도
로 직접 운반해 포항 상인한테 판매했다. 해녀들이 독도를 출

〈그림 4-5〉 독도 입도 당시의 해녀 박옥랑(뒷줄 정중앙 검은색 한복차림)

입한 지 2~3년이 지났을 때 경비초소가 세워졌고, 경비대의 상시 경비가 시작되면서 독도 어장은 공개 모집으로 전환되었다.

> 우리 형님이 날 보고 가만히 있어라 했어. 나는 앞뒤 없이 말한다는 한소리 들었어. 형님이 하자는 대로 하다 보니 나중에 돈 벌어 왔다고 소문이 났어. 해녀들이 우리 형님에게 "나도 가고 싶어. 나도 가고 싶어"라고 했어. 독도로 간 지 2~3년쯤 되었나 숨비소리를 내며 오르니 사람이 있는 것 같았어. 순경이 숨어서 우리를 지켜보는 거야.
>
> – 박옥랑 해녀

일본 순시선의 침입이 계속되는 가운데 해녀는 일본 순시선을 자주 목격하였다. 일본 순시선은 매일같이 나타나 해녀들을 감시하고 해녀들의 주변을 거칠게 돌며 감시했다. 이들의 위압적인 태도에 해녀들은 불안하고 위축되었다. 박옥랑 해녀는 일본인들이 너무 싫어 눈물을 흘렸다.

일본 배가 우리에게 삐쭉거리면서 오는 거야. 큰 배야, 큰 배인 거야. 해녀에게 살금살금 다가와 이렇게 내려보고. 굴에 숨어서 보면, 왜 자꾸 돌아보는지. 빙빙 돌아다니다가 간다. 빙빙 돌아다니다가 눈치도 안 본다. 숨비소리를 듣고 배를 멈춰서 조용히 우리의 행동을 보는 거야. 일본 배가 한참 동안 가만히 우리가 하는 행동을 보는 거야. 2년차1954년 때 사공이 하는 말이 (일본 배가) 우리에게 (미역을) 팔라고 했다는 거야. 우리에게 미역 좀 팔라고. 우리 형님은 예약된 물건이라 못 판다고 했어. 일본놈 미워. "아이고, 일본놈들에게 팔지 마세요." 우리는 예약된 거라고 하면서, 일본놈들에게 안 팔았어. 가라고 했어. 미역을 말리지도 못했으니 안 판다고 두어 번 보냈어. 우리는 화가 나서 일본놈들에게 팔지 않았어. 해마다 가면 이놈의 일본 배가 꼭 도는 거야. 우리만 보면…. 이제 생각해 보니 이놈의 배가 틀림없이 왔구나.

- 박옥랑 해녀

〈그림 4-6〉 독도어민 숙소(뉴시스 제공)

 순시선은 해녀들 주위를 맴돌다가 해녀들이 작업을 시작하면 다시 나타나 관찰하였다. 다음 해에 갔을 때는 미역을 팔라고 졸라댔고, 해녀들의 주위를 맴돌며 쫓아내려 하였으나 해녀들의 의지를 꺾을 수 없었다.
 독도 어장은 미역 어장이었고 목숨 같은 귀한 어장이었기에 해녀의 의지는 강했고 해녀 박옥랑은 이런 좋은 어장을 한국이 왜 지키지 못할까 걱정했다. 그러면서 독도가 한국 땅이지만 일본이 침입하고 겁박했던 상황이 두려웠다. 지금도 텔레비전에 독도어민 숙소나 독도가 나오면 그때의 상황이 생각나 화가 났다.

나는 아무것도 모르는 사람이지만 우리 선조들이 우리 땅이라고 했으니까 한국 땅이라고 한 건데…. 일본 배가 우리에게 미역 팔라고 했어. 일본놈들 귀찮은데. 막 눈물 났어. 이 땅에 와서 자기들 땅이라고 하고. 왜 이런 좋은 땅을. 물 좋고, 바다 좋고, 물건도 잘 나고 하는데, 한국은 왜 이렇게 좋은 땅을 내줬을까? 전복이고. 미역이고, 그뿐이 아니라 고기나 물개, 아이고 물개. 물개가 그냥 천지여서. 수천 마리가 바위에 올라앉아 있었어. 그냥 물개가 많아.

- 박옥랑 해녀

그는 독도 바다를 너무나도 좋은 바다라고 단언했다. 일본 순시선이 나타나면 불안했고 쫓겨날지도 모른다는 두려움에 눈물을 흘렸지만 독도가 한국 땅이고 한국 경찰이 경비하는 곳인데 '왜 일본 배순시선가 오는지 너무나도 이상하다'며 당시를 회상했다. 박옥랑 해녀는 어린 시절 제주도에서 숨겨두었던 놋그릇을 일본 경찰이 빼앗아간 기억이 있어 일본인이 싫었고, 일본 순시선이 미역을 뺏으려고 하자 단호히 거절하며 어장을 지키고자 노력하였다.

독도미역은 품질이 뛰어나 포항 상인들은 통상 두 배 이상의 값을 지불했다. 큰돈을 번 해녀들은 누구에게도 알리고 싶지 않았다.

미역은 판매상에게 두 배로 팔았어. 포항에 가니 울릉도 미역이 좋다고 소문이 자자했어. 우리 친척들만 돈 벌고, 밭도 샀어. 우리가 (울릉도에서) 한 십만 원 벌면 삼사만 원은 사공에게 줬어. 나머지는 다 우리 거야. 그렇게 돈을 많이 벌었어. 우리는 돈을 땅에 파묻었어. 밥하는 터 주변에 땅을 파서 수북하게 묻었어. 그때는 은행이 없었으니까.

— 박옥랑 해녀

그들은 생산량의 30~50%를 독도 어장을 알려주고 데려간 사공에게 나누어 주었다. 사공은 독도 어장을 관리한 독도의 용수비대와 관련 있는 경비원들이었다.

독도미역은 품질이 뛰어나 포항 상인들은 통상 두 배 이상의 값을 지불했다. 큰돈을 번 해녀들은 누구에게도 알리고 싶지 않았다. 그들은 생산량의 30~50퍼센트를 독도 어장에 데려다 준 사공에게 주었다. 사공은 독도 어장을 관리한 독도의 용수비대와 관련 있는 어민들이었다.

■ 부록

독도해녀 박옥랑의 어업 일기

2013년 8월 박옥랑 해녀^{당시 80세}를 제주시 삼양동 자택에서 만났다. 그가 독도를 개척한 독도해녀다. 박옥랑 해녀가 울릉도 어장으로 도항한 것은 1952년경으로 그의 나이 17~19세경이었다. 박옥랑 해녀는 홍순칠 대장과 함께 물골에서 살았고, 일본 순시선의 침입에 어장을 떠날 수도 있다는 불안감에 눈물을 흘렸다. 그는 1957년경 독도 어장이 공매되면서 독도 어업을 그만두었으나 이후 수십 명의 제주해녀들이 독도를 왕래했다.

박옥랑 해녀의 구술은 2박 3일간 그의 자택과 요양 시설에서 진행되었고, 작가가 쉬지 않고 글을 써가듯 새롭고 생소한 이야기를 흥미진진하게 이어갔다. 독도연구자로서 많은 이야기에 공감하였고, 내가 독도와 관련된 글을 쓴다고 하니 "잘 써 보라"고 격려하면서 열정적으로 자신의 해녀 인생을 구술하였다. 독도개척자로서, 인생의 선배로서 겸손함과 사물을 바라보는 예리함과 통찰력에 경외감마저 들었다.

본 기록은 제주도 사투리로 진행된 것을 독자들이 이해하기 쉽게 재정리한 것이다.

■ 울릉도 도항

조사자: 울릉도로 간 이유는 무엇인가요?

박옥랑: (우리 형님이) 포항서 (오징어를) 사서 부산 가서 (팔았는데) 오징어값을 잘 받았어. 포항사람이 우리 형님에게 하는 말이 "울릉도에서 오징어를 가져와서 팔라"고 했어. 울릉도로 가라고 하니 (형님이) "울릉도에 미역 같은 거 납니까?"(하니), 울릉도 다녀온 사람이 "미역을 남자가 한다. 낫으로 베어서 하는 거 다니면서 보았다"고 했어. 우리 형님은 해녀야. 그래서 딴 사람 데려가면 원망하니 안 될 것 같아 우리 사촌들만(데리고 가야겠다고 생각했어). 문득 생각하니 딴 사람들 데려가 돈 못 벌면 원망을 듣겠다 싶어서, 고모 딸과 사촌 딸, 오빠 딸. 우리 사촌이 여섯이야. 사촌 여섯만 (울릉도에) 갔어. 울릉도에 가니 사람들이 우리말 알아듣지도 못하고…. 울릉도에서 배 하나 빌려 해안을 돌아보니 미역이 빼곡히 들어차 있고, 돌아보니 미역이 많았어. 우리 형님이 배를 사서 함께 미역을 했어. 울릉도에 한 3년 다녔어.

조사자: 독도를 어떻게 알게 되었나요?

박옥랑: (그때) 울릉도 사람 누군가가 "독도에 미역이 많이 나서 썩어 넘친다, 막 흘러넘친다. 미역이 너무 좋다"고

했어. 이거 울릉도 사람에게 들은 말이야. 우리 형님에게 "독도 한번 가보라고. 미역이 많고, 아무도 없는 섬"이라고 울릉도 사람이 말해줬어. 우리 형님이 너무 이상하다고 (생각했어). 울릉도를 한 1년 다니다 보니 (울릉도 사람들이) 독도가 좋다고, 막 좋다고 하니 우리 형님이 배를 구했어. 날씨가 나쁘면 10시간, 날씨가 좋으면 8시간이나 9시간이 걸린다고 했어. 우리는 형님이 하자는 대로 했어. 울릉도에서 미역을 모두 끝내고, 5월에 독도에 갔어.

조사자: 독도에 간다고 했을 때 울릉도 사람들의 반응은 어땠나요?

박옥랑: 독도 바다가 위험하고 너무 멀다면서도 몇 시간 걸린다고는 이야기하지 않았어. 위험하다고 했으니까…. 우리는 가는 곳을 몰랐어. 나는 영문을 모르니 형님이 하자는 대로 했어. 아무나 갈 수 없었어. 영문을 몰라 형님이 하는 말만 들어서 머뭇거렸거든. 우리가 독도에 가려고 짐을 챙기니까 "어디 가려고 짐을 챙기냐. 이 바보, 바보들" 하면서 고개를 저었어. 형님한테 (자신들은) 바다를 알고 있으니까 파도가 세면 사람이 죽는다는 걸 알고 있었어. 형님에게 말하는 걸 우리도 들었어. 이제 생각하니 우리는 어려서 형님 말만

들었어. 멀어서 못 간다고 말도 못하고, 영문도 모른 채 배를 탔어.

울릉도에서 오징어 잡는 배, 조그마한 거 통통거리는 배로 가려고 하니 멀미하고 왝왝거렸어. 형님이 알사탕을 내밀면 먹으면서 (갔는데) 더 멀미한다고 투정 부리며 갔어. 울릉도 사람들은 위험하다고 했어. 울릉도 사람들은 배에 여자를 태우고 간 적이 없었어. 그 사람들이 얼마나 여자를 아끼는데…. 여자들이 위험한 곳으로 간다고 했어.

울릉도 사람이 어딜 가냐고 물었어. 독도에 간다고 하니 위험하다고 하면서 가지 말라고 했어. 다들 돌아가면서 위험하다고 했어. 형님이 이유를 물으니, 자기들도 배로 간 적이 있는데 겁이 난다고 했어. 혹시라도 바람이 불면 뒤집히니 위험하다고 한 거야.

■ 울릉도인의 반응

조사자: 울릉도 사람들은 해녀를 어떻게 생각했나요?

박옥랑: 울릉도 사람들은 (제주해녀가) 가난해서 울릉도 바다에 해녀질 하러 왔다고 생각했어. 처음 며칠은 우리가 미역하고 있는데 떼배 타고 우리에게 온 거야. 생전에 본 적이 없으니. 해녀가 어떻게, 사람이 이렇게 하는데

어떻게 멀쩡하냐고 말이야. (해녀가) 죽을까 봐. 우리가 물속으로 들어가면 "아이고, 죽을 거야, 죽을 거야. 아이고, 이거 큰일났다"고 했어.

울릉도 사람들은 해녀를 몰랐어. 해녀를 본 적이 없었어. 우리가 울릉도 사람들을 막 놀라게 했어. 우리가 (일부러) 놀라게 한 건 아니지만 그 사람들이 우리를 구경하는 거야. 떼배를 타고 왔어. 우리 형님은 "저기 봐라! 우릴 구경하러 오는 거 아니냐" 하고. "우리가 죽을까 봐 오는 거야." 바다에 들어가 막 오래 (있으니) 겁이 난다(고 했어). 울릉도 사람들은 별일을 다 본다며 놀라워했어.

문어 두어 마리 잡아 삶아 술안주(로 드렸어). 막걸리 먹는 사람들에게 하나씩 먹으라고 주면 좋아했어. 하지만 자기들 미역 다 한다고 (화를 냈어). 자기들은 물안경을 끼면 미역이 어디 있는지 다 안다고. 해녀들이 자기들 미역 다 해버린다고. (해녀는) 깊은 데만 간다고.

해녀들이 먹을 것도 주고, 전복도 썰어 놓고, 밥도 해 주었어. 울릉도에는 먹을 게 없어. 쑥밥 해 먹고, 감자를 밥에 버무려서 먹었어. 울릉도 사람들이 조합에 가서 일러바쳤어. 조합 사람들은 해녀가 어떤 사람인지 몰랐어. 생전에 본 적이 없으니까. 자기들 (미역) 다 해버린다고 (화를 냈어). 동네 사람들은 우리가 숨이 막혀 죽을까 봐 (걱정했어). "야, 저런 기술은 (어떻게 배웠을까?)" 사람들은 순하고 어질었어. 형님이 조밥을 만들어서 할머니들에게 한번 먹어보라고 가져가니 인정 있는 제주도 사람이라고 칭찬받았어.

모시개(저동)에 살았는데 모시개 사람들과 정들었어. 모두 미역을 한다고 했어. 미역을 다 따지 않아 고맙다고 했어. 우리도 고맙다고 했어. 노는 날에 우리 마당에 와서 춤도 추고 놀고. 그렇게 순수했어. 우리는 모시개 살다가 독도에 들어왔어. 도동은 배가 들어오고, 복잡하고, 미역도 없었어. 미역이 없어. 거기서 해녀질 하면 안 돼. 이렇게 돌아가면 배가 있어. 배 빌리고 집을 빌려 살았는데 깨끗한 집들도 있었어. 그렇게 (해녀들은) 식구같이 살았어. 동네 사람들은 (해녀가) 놀면 놀러 왔어. 홍순칠이가 (독도에) 간 때도 청년들이 와서 놀았어. 마당에서 장구를 쳤는지 무엇을 쳤는지 (생각이 나지 않지만) 모시개에 놀러 온 거야. 홍순칠하고 그 사람 이름이 무엇인지 (잊어버렸지만) 놀러 온 거야. 몇 사람 왔었어. 같이 앉아서 마당에서 (놀았어). (울릉도 사람들은) 너무 순해. 그런데 겁이 많아. 그곳으로 배나 연락선이 들어오면 사람들이 구경하러 와. 도동으로. (뱃고동이) '빠방' 하고 (울리면) 울릉도 사람들이 전부 나와 사람 구경하러 (나왔어). 배 타서 짐과 살림을 타 풀면 그곳에는 (어업)조합업자가 있었어. 도동에.

■ 독도 도항

조사자: 할머니는 열일곱 살에 처음 독도에 갔나요?

박옥랑: 응. 형님도 처음이야, 다 처음이지. 해녀가 많이 갈 때는 한 스물다섯 명도 갔어. 모집해서 미역도 따고, 울릉도서 미역도 따고, 독도서 미역도 했어. 많이 갔어. 울릉도에서 모두 따면 독도에서도 했어. 형님은 일본에 가버리고. 협재 사람들만, 협재 사람만 또 갔어. 울릉도에 살면서 미역을 하고 또 독도에 가서 했어.

울릉도를 한 3년을 다녔어. 울릉도서 미역을 하다 보니 울릉도 사람이 형님에게 여기도 미역이 많지만 독도 바다가 더 많다고 했어. 물도 좋고, 미역도 훤히 보이고, 미역이 많다고 했어. 형님이 "울릉도 작업을 마치고 독도에서 할 수 있겠구나"라고 했어.

(울릉도 사람이) 자기네 오징어어업을 하면서 물이 다 보인다고, 그냥 선명하게 보인다고 했어. 물이 하도 맑아. 오징어어업하는 사람들은 다 알지. 울릉도 사람들은 훤히 알아. 모르는 사람이 없어. 울릉도 사람들

이 물이 좋다고, 물이 있다고 했어. 물이 있다고 해서 갔다 왔어. 물이 없으면 별별 것이 있다고 해도 우리는 안 가. 어떻게 가겠어. 미역이 있다고 해도 물이 없으면 어떻게 밥을 해 먹겠어. 물을 마실 수가 있겠어. 물이 있다고 하고, 미역도 있다고 해서 갔어. 믿고 가보니 물도 있고, 굴도 있고. 그래서 독도에서 5년 했어. 경비도 없고, 우리만 있었어. 미역만 하고 빨리 나와 버렸어. 독도에 가면 3~6월. 6월까지 하려면 음력으로 석 달은 살아야 해. 발동기로 해서 울릉도에서 먼저 작업을 하고, 작업이 끝나면 독도로 갔어. 울릉도는 2월이면 따야 하고, 3~4월이면 미역이 벌겋게 돼. 줄기만 남아. 미역철이 있어. 2~4월까지 부지런히 해야 해.

울릉도 사람이 독도라고 했어. 독도라고 했어. 배 타고 가는 선장이 독도라고 했어. 자꾸 일본 배들이 들락날락한다고 뱃사람들이 말했어. 그래도 무사히 갔다 왔어. 한 몇 년 다녔어. 3~4년 형님과 같이 한 3년 독도에 다녔어. 형님이 있어서 갔어. 통통배로 갔어. 아이고 나도 무서웠어. 가려고 하면 파도가 찰랑찰랑 거리고, 아이고 멀미는 하지, 웩웩 토하지. 사촌 언니들도 토하지, 형님도 정신이 없었어. 이 섬에 가서도 굶고, 이 섬에서도 굶으면서. 그 (많은) 미역 다 널어놓고, 또 미역 뜯어 한 군데 담아놓았어. 먹지 못해 널지 못 할 때도 있었어. 어떤 때는 저녁밥도 굶었어. 그때 나는 왜 그 전복들을 안 먹었을까? 배가 고파도 미역만 따라 해서 미역만 땄어. 미역에 전복이 다닥다닥 붙어있어도 전복 하나를 먹지 못했어. 미역만 하라고, 왜 (전복을) 먹냐고 호통을 쳐서. 그렇게 하면서 독도를 왕래했어.

조사자: 독도에서 미역을 채취하셨나요?

박옥랑: 미역도 많고, 소라하고 전복도 많고, 소라하고 전복도 전부 배(잠수기선)가 왔어. (그런데) 우리 형님은 그거 하지 말라고 했어. "왜 그래요?" 물으면 "사지도 않는 물건, 돈이 되는 것 해야지! 왜 전복 잡으려고 하냐!" 전복 먹으려고 하면 "그것 하느니 빨리 미역해서 말려서 나갈 생각해야 해!" 그런 거 한다고 핀잔을 들었다. 나는 "소라도 이렇게 많고, 전복도 이렇게 많은데…" 하면, 형님이, "아이고 이런 멍청이가 어디 있냐, 울릉도에서도 안 사고 팔아먹을 데도 없는데…. 팔 수 있는 물건을 하라고." 우리는 돈이 되는 것만 했어. 전복은 사지도 않아 모두 썩어버린다는 거야.

(독도에서) 가마솥 걸 자리들 만들고, 배 하나 빌려 발동기를 타고 다녔어. 돌아보니 미역과 소라, 전복이 무

진장 많이 있었어. 밤은 캄캄해. 촛불을 켜고 저쪽에 미역을 쌓아놓고, 미역 채취하고. 새벽 5~6시에 어찌어찌 밥을 먹으면서 미역을 했어. 미역은 판매상에게 두 배로 팔았어. 포항 가니 울릉도미역이 좋다고 했어. 우리 친척들만 돈 벌고, 밭도 사고, 돈 벌었어. 형님이 날 보고 가만히 있으라 했어. 생각 없이 (함부로) 말하지 말라고 주의를 받았어. 형님이 하자는 대로 하다 보니 나중에 돈 벌어 왔다고 소문이 났어. 해녀들이 형님한테 "나도 가고 싶어. 나도 가고 싶어"라고 했어. 독도로 간지 2년차, 3년차 되니 (해녀의 숨비소리) '휘이, 휘이' 소리가 났어. 순경이 있는 것 같았어. 숨어서 지켜보는 거야. 무인도야. 아무도 없어. 무섭긴 해도 무인도니까 그렇게 했어.

조사자: 잠수기어선(머구리배)도 있었나요?

박옥랑: 전복이 이만큼이나 컸어. 이후에 머구리배가 들어왔어. 남자가 하는 머구리배가 있어. 울산에서, 부산에서. 그 배들이 미역도 하고, 전복도 하고, 소라도 하고. 머구리배들이 모두 다 잡아갔어. 울릉도에 공장이 생겼다, 공장이 생겼어. 몇 해 만에 공장이 생겨서 소라도 받고, 이젠 전복도 받고. 해녀들도 끊이지 않았어. 그냥 여름에도 독도에 와서 소라, 전복을 했어.

독도 바다 중간쯤에서 나는 오징어가 그렇게 크고 맛이 좋아. 울릉도 사람은 오징어로 살았어. 오징어어업을 하니 농사짓는 사람이 없고, 오징어를 건조하면서 살았어. 울릉도 사람들은 독도 바다가 좋다며 오징어를 잡고. 오징어가 그렇게 크고 맛이 좋다고 뱃사람이 말했어.

■ 독도의 생활

조사자: 독도에서 어떻게 생활하셨나요?

박옥랑: 독도 갈 때 뭐 한꺼번에 쌀을 가져갔어. 울릉도에 가서 보니 농사도 안 짓고. 우리는 석 달간 먹을 것을 가지고 갔어. 열 몇 가마씩, 가마솥에 담아서, 부대에 담아서 가지고 갔어. 독도에 반찬 같은 거, 된장 같은 거 다 가지고 갔어. 고생은 말도 못 해. 여자가 배운 것이 그것밖에 없어. 형님은 남들을 데려가면 안 된다고 했어. 돈을 벌지 못하면 원망만 듣고 고생만 하니 사촌 네 명만 데려갔어. 사촌들만 한 3년 데려고 다녔어. 우리가 한 3년 다녔고, 시집가기 전 스물다섯 살까지 다녔어. 아기 낳고, 남편이 일본 가버리고 나서 또 다녔어. 우리가 다닐 때 한 5~6년은 울릉도에 아무것도 없었어. 공장이 없어서 잡아 와도 모두 썩어버렸지. 독도에서

(전복과 소라가) 많이 나니까 공장이 생긴 거야. 해녀들이 소라와 전복이 많다고 해서, 포항에서 그 소문들을 듣고 해녀와 머구리이 몇 명 들어왔어. 나중에는 해녀들이 소라와 전복을 하려고 다녔어.

독도는 물이 깊어도 미역 나는 데는 깊지 않았어. 전복 나는 데는 깊어. 아주 깊은 데는 없어. 독도에는 물이 아주 쎈 곳이 있어. 그 물이 철썩철썩 바위에 붙어. 물에 사람이 빠져 죽는 것은 물이 잡아당기는 거야. 물에서 나와 보면 태왁이 저만치 가버리고, 헤엄쳐 가면 점점 가버리지만 해녀는 그런 사람이 없어.

물질할 때는 동도에서도 했어. 거기는 너무 좋아. 다 바다니까 동도도 가고, 서도도 가고, 그냥 물건 있는 곳을 찾아다녔어. 동도는 서도보다 깊어. 바위가 울산 같지 않아서 넓적하지 않아. 우뚝한 바위이야. 물이 깊고 바다도 깊은데, 그 가운데 물건이 있어. 전복도 있어. 여는 서도에 있어. 저 가제바위는 너무 떨어져 있어. 그 바위 위에 전복도 하고, 소라도 하고, 그 바위에서 미역도 하고, 그 바위 위에 미역이 났어. 미역 위에 전복이 나오면 소라가 좌르르 떨어지고, 전복이 꽉 차 있어. 전복하려면 빗창이 (있어야 했는데) 가져가지 않았고, 호미만 가져갔어. 여기 나오려고 하면 그때는 플라스틱이 없었어. 아무것도 없었어. 이쓰팬을 부산에서 가지고 갔어. 이쓰팬은 옛날 술병이야. 술 담는 이쓰팬. 요새는 플라스틱이 많지만. 그것을 가져가서 소라를 잡아서 (부산에 있는) 언니네 주려고 잘게 썰어서 젓갈을 만들어 가져갔어.

이쓰팬은 유리병이야. 맥주병은 이렇게 큰 거고, 작은 병은 이렇게 작은 것이야. 맥주 작은 병은 이런 병이야. (플라스틱이) 없으니 그 유리병을 가져가서 한쪽에 잘 두었다가, 깨질까 봐 잘 두었다가 나오려고 하면 언니 집에 (만들어서 가지고 갔어). 그냥 가면 섭섭하니까 전복하고 소라를 잡아 깨끗하게 씻어서 소금에 막 버무려서 (만들면) 맛있어. (그때) 전복하고 소라한다고 (형님한테) 혼났어. 우리는 갈 때마다 그 빈 병을 가져갔어. 부산에서 유리병을 주었어. 집 옆 부엌에 서너 개 있으면 가져와서 짐과 함께. 깨질까 봐 세워놓고, 보자기에 싸서 방안에 놓았어. 울릉도까지 가져가서 (독도에서) 젓갈을 (담아서 가지고 왔어). 그렇게 (하면) 착하다고 했어. (부산에 있는) 언니네 집에 갈 때 그렇게 하면서 갔다 왔어. 젓갈을 만들었어.

■ 일본 순시선 목격

조사자: 일본 순시선(일본 배)을 보았나요? 어떻게 행동했나요?

박옥랑: (독도는) 한반도 땅이나 바다에는 많은 (나라) 배들이 있어. 중국 배, 소련 배, 별이 많이 있는 나라(미국) 배들이 막 지나갔어. 이곳이 한반도니까 이래 가고 저래 가고 해서 여러 나라로 가는 거야. 그러다가 이놈의 일본 배, 빨간 배가 우리에게 배쭉거리면서 오는 거야. 큰 배야, 큰 배. 우리한테 살금살금 다가와 이렇게 내려보고. 우리는 굴에 숨어서 봤어. 왜 자꾸 돌아보는지. 빙빙 돌아다니다가 간다. 숨비소리가 들리면 배를 멈추고 가만히 보는 거야. 일본 배가 한참을 가만히 보고, 우리 행동을 보는 거야.

2년차 때인가, 사공이 하는 말이 일본 배가 미역을 팔라고 했다는 거야. 우리한테 일본놈이 미역을 팔라고. 형님이 예약해서 왔으니까 못 판다고 했어. 우리는 일본놈들한테 평소에 원한이 있어. 옛날에 일본놈들이 왔어. 우리 어머니 부잣집 딸이야, 세숫대야 같은 거 놋그릇 같은 것들을 모래 속에 숨겨놓으면 이리저리 찔러가면서 다 가지고 가버렸어. 일본놈 미워. 그러니까 "아이고, 일본놈에게 팔지 마세요. 우리 예약한

거 있다"고 하면서 일본놈들에게 안 팔았어. 우리는 안 판다고 사공에게 말했어, 가라고 했어. 미역 말리지도 못했으니 안 판다고. 두어 번 보냈어. 해마다 이놈의 일본 배가 꼭 도는 거라, 도는 거라, 우리만 보면…. 이제 생각해보니 이놈의 배가 (해녀가) 틀림없이 왔구나. 원래 그런지 (일본이 독도를) 자기네 땅이라고 생각하다가 우리 거니까, 한국 땅으로 합친 거야. 아, 이놈의 일본 배가 배죽거리면서 우리한테 자꾸 미역 팔라고 했어. 다른 배들은, 소련 배나 중국 배는 다 지나가는데, 일본 배는 구석진 곳에 숨어서 우리가 물질하는 것을 보고 있었어.

아이고, 그때 일본놈들이 하는 짓이 너무 미웠어. 일본놈들 너무 미웠어. 그런데 자꾸 저 일본놈이 그 우리 경찰들 있는데도 막 돌아보고 했어. 이거 이상하다 했어. 난 배우지도 못하고 무식한 사람이지만, 야 이곳은 우리 땅인데…. 대통령이 이거 하나 못 지켜주는가. 이제 어떻게 할 거야? (독도는) 우리 땅인데 완전히 바다도 좋고, 좋은 곳이야. 우리 땅인데 왜 찾아오지 않는지, 너무 기가 막히는 거야. 형님도, 우리도 일본놈들이 미웠어. 우리 땅을 내어주고, 일본놈들이 와서 이렇게 보고 가고 했는데…. 왜 한국은 이렇게 물러서 경비대원 서너 명만 버티고 (있을 뿐) 너무하잖아. 그냥 먹을 것만 실어다 주고 막사 하나 지었어. (그래서) 독도를 일본놈들이 자기들 땅이라고 하는구나. 이렇다는 걸 한국에서는 왜 모를까? 어떻게 될까?

내가 갈 때는 해녀들이 많이 갔어. 해녀들이 돈을 벌려고, 협재(서쪽)해녀들만 갔어. 그때는 경비대원들이 많았어. 어디 포항서 보냈는지, 울릉도에서 보냈는지 순경들이 많이 지켰어. 경찰들이 우리를 보고 기뻐서, 사람을 보니 반가워, 너무 반가워서 내려왔어. 갈매기섬이니 갈매기알이 많았어. 미역을 얻으면, 전복 얻으면 알을 줬어. 정말 좋아했어. 내가 아무리 여자라도, 왜 이 귀한 땅을 내주었냐고, 전쟁도 일어나고, 사람도 많이 죽고. 귀한 땅을 (내주어서) 너무 억울했어.

우리만 다닐 때는 높은 데 사람이 안 살았어. 숙소도 아무것도 없었어. 산만 있었어. 한 3년 다니다 보니 나라에서 경비대원을 보냈어. 나는 경비대원이 오기 전부터 갔어. 경비 안 할 때부터 갔어. 일본 배들이 돌아다니면서 우리를 해녀로도 안 보고, 무슨 중생으로 봤는지 막 가까이 들어왔어. 일본 배가 들어오면 우린 무서워 굴로 도망쳤어. 다른 배들은 다 지나가는데 일본 배만 멀쩡하게 옆으로 자꾸 들어왔어. 자기 나라 땅이구나 하면서. 그것들은 몇 번 돌아, 몇 번 돌다가 갔어.

조사자: 일본 순시선을 보았을 때 마음이 어떠셨나요?

박옥랑: 처음 가서는 정말로 고생했어. 아니 고생은 없었어, 물이 있고. 고생이야 했지. 땅을 잃을까 봐. 나는 그때 너무 고민도 했어. 내가 비록 아무것도 모르는 사람이지만, 왜 우리 한국 땅, 우리 선조들이 이렇게 바다 한가운데를 우리 땅이라고 했어. 물론 했으니까 한국 땅이라고 한 건데. 일본놈들 때문에 막 눈물 났어. 이 땅에 와서 자기들 땅이라고 하고. 왜 이런 좋은 땅을, 물 좋고, 바다 좋고, 물건도 잘 나고 하는데, 한국에서 왜 이렇게 좋은 땅을 내줬을까? 전복이고, 미역이고, 물고기이고. 아이고, 물개. 물개가 그냥 천지야. 수천 마리가 바위에 올라앉아 있어. 그냥 물개가 많아.

■ 홍순칠 대장과의 관계

조사자: 홍순칠을 알고 계시나요?

박옥랑: 홍순칠은 우리가 울릉도에서 미역을 할 때 독도에 가자고 해서 같이 갔어. 울릉도에 있을 때 같이 갔어. 무슨 큰 관계는 없었어. 홍순칠은 몰라, 하나도 몰라. 그 사람이 국회의원 나오고 해서 알았어. 몇 해 동안 울릉도에 다니고, 독도에 다니고 난 후 임복녀 해녀가 갈

때(1955년경), 독도에 한창 갈 때. 그냥 우리는 사람이 조금만 갈 때야. 독도에 아무도 없을 때 갔어. 홍순칠은 미역 해서 (돈을 버는 것도) 먹는 것이 아니고, 그 사람이 같이 가긴 갔어.

조사자: 할머니가 독도에 처음 갔을 때, 홍순칠은 있었나요?

박옥랑: 나중에 동도를 지키는 경비대원이 있었지. 형님이 일본에 가버리고, 독도에 갈 사람은 모두 갔어. 형님은 7~8년은 다니다 일본 가버렸어. 임복녀와 누구하고 협재 사람들만 한 스물다섯 명이 갔어. 그때 홍순칠이도 같이 갔다고 했어. 지키는 사람 있을 때였어. 지키는 사람 있을 때 홍순칠도 갔었어. 나는 지키는 사람이 없을 때 갔어. 남자들이 하나도 없을 때 갔다 왔어. (나중에) 지키는 사람 있더라고. 아이고 경찰이 다 지켰어. 그 사람들이 우리를 보고 너무 기뻐했어.

울릉도 사람들은 경찰이었어. 홍순칠이 국회의원 떨어지고 나서 갔어. 지키진 않았어. 우리는 저 큰 굴에서 같이 살았어. 홍순칠이 하고 남자 두 명. 뭐 일하거나 그러진 않았어. 올라갔다 내려오기만 했어. 경비대원들이 지킬 때 왔어. 홍순칠이 하고 남자 둘이 왔어. 울릉도 사람이야. 그때는 경비대원들이 지킬 때였어. 우리와는 관계가 없었어. 홍순칠은 잘 알아. 홍순칠과

남자 둘이. 큰 굴이니까 우리하고 한쪽에서 자면서. 국
회의원에서 떨어졌다고 했어.

■ 독도의 강치

조사자: 독도에서 강치를 보셨나요?

박옥랑: 독도는 썰물과 밀물이 다 있지만 사면이 산으로 막혀
서 가까운 데서 한다. 물도 맑아 훤히 다 보여. 아이고,
물개들도 꽥꽥거리고. 아이고, 그때는 (많았어). 이젠
하나도 없을 거야. 물개는 털이 많고, 모두 앉아 있어.
대청 바다라고 해도 고래가 없고, 상어도 없고, 물개하
고 같이 어울렸어. 만져도 괜찮아.

물속에서 같이 다니면서 (헤엄쳤어). 몇 마리 잡아 먹
었지만 잡을 생각도 없고, 그렇게는 안 했어, 그렇게
할 생각도 없었어. 순해. 그 (바위에) 가서 보면 물개가
많이 앉아 있고, 갈매기가 산 위에 있고, 바위에, 물가
에 (있어). 정말 탐나 지금도 탐나.

■ 독도에 대한 기억

조사자: 마지막으로 독도에 대해 생각나는 것이 있나요?

박옥랑: 물질하고 난 후 '탁탁' 떨면서 모여들고…. 어떻게 살
았을까? 이제 생각하면 꿈인가 생시인가. 그래서 물질

하는 해녀들이 모여 사는 걸까? 그렇게 모여앉아 미역 하는 곳은 독도밖에 없어. 독도에 온 거 아무도 몰라. 다녔던 사람만 독도라고 했어. 제주도 사람들은 독도를 모를 거야. 우리 형님이 데려가지 않았으면 몰랐을 거야. 독도가 어디 있는지 모르지. 울릉도가 어디인지 모르지. 울릉도는 멀어. 한국 같지 않고 멀어. 포항서 멀어. 그곳은 대마도와 가깝다고 했는데 대마도보다 독도가 멀어.

몸은 늙었지만 어떻게 해서라도 (독도를) 찾아야 해. 왜 기자들이 모를까? 왜 그렇게 무심하게 내버렸을까? 난 여자라서 그런 말도 못하고 내 땅이 귀하기 때문에. 물도 있고, 물건 잘 나지, 고기 잘 나지, 돈이 나오는 곳이야. (그래서) 일본놈도 그 땅을 찾으려고 하는 거야.

(독도) 바닷가에 가서 가마니 깔고 누우면 편하겠어? 사람도 많고, 좁았어. 홍순칠과 같이 갈 때는 저 안에 구석에서 있었어. 우리가 이렇게 모여 있는데 편하겠어? 기가 막혔어. 돈 때문에, 돈 때문이지. 다 어릴 때였으니까…. 눈물이 났어. 아이고, 내 팔자야. 이런 팔자는 어떤 팔자인가 하면서 다녔어. "이어도사나 이어도사나 우리 어멍 나 낳을 적에 물질하면서, 나를 낳

앉는가, 물질하면서 낳았는가" 물질하면서 "이여싸 이여싸" 헤엄치면서 "산듸소리 산듸소리" 했어. (독도는) 내 삶의 지혜이고, 고향이고…. 고생이 되어도 젊었으니까 여기저기 구경하니 다 넘어가는 거야. 그래서 까마득하게 독도는 잊어버렸어.

1954년 홍순칠 대장의 독도 입도

1954년경 독도에 입도한 강정랑 해녀는 홍순칠 대장이 자신들과 어떠한 어업적 관계가 없었다고 말했다. 협제 출신인 강정랑 해녀는 18세에 경북 양포를 다녀온 후 3~4년간 독도를 왕래했다. 그가 독도에 갔을 때 홍순칠은 국회의원에 출마했었고, 이후에 청년들과 함께 들어왔다고 했다. 중앙선거관리위원회 자료에 따르면 홍순칠은 1954년 5월 20일 실시된 제3대 국회의원 선거 경북지역 제34선거구 울릉군 무소속 6번으로 입후보하여 중도 사퇴하였다. 강정랑 해녀는 1954년 5월 20일 전후에 홍순칠과 함께 독도 물골에서 생활하였다.

강정랑: 우리가 갔을 때 그 울릉도 홍순칠이 국회의원에 출마했어. 출마한 후 청년들과 함께 독도에 들어왔어. 그때는 독도에서 울릉도까지 연락선도 없었어. 가려고 해도

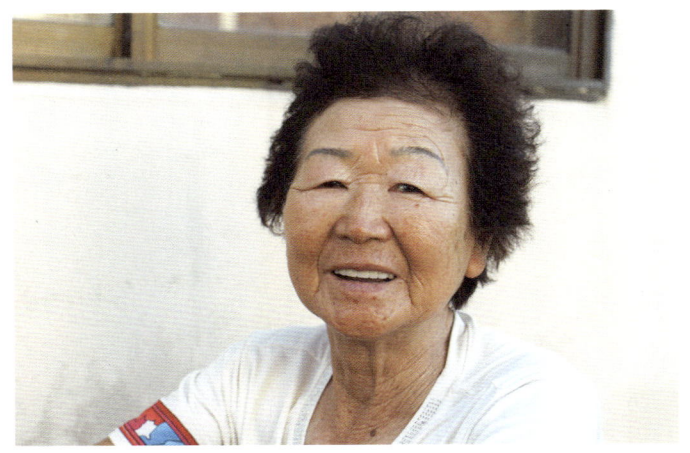

〈그림 4-7〉 강정랑 해녀(2013년 7월)

마음대로 갈 수 없었어.

조사자: 그럼 두 번째 갔을 때 홍순칠 씨가 전주로 해녀를 모집했나요?

강정랑: 그 사람은 해녀 모집 안 했어. 우리는 그냥 우리끼리 독도에 들어갔어. (홍순칠은) 국회의원 출마를 사퇴한 다음 청년 몇 명을 데리고 들어왔어. 휴양할 생각으로 들어온 거지. 독도에 그냥 휴양하러 온 거야. 그래서 같이 자고 했어요. (여기는) 잘 때가 (여기밖에) 없어.

조사자: 그럼 홍순칠 씨도 같이 미역 작업했나요?

강정랑: 아니. 그런 건 일절 안 했어.

조사자: 물골에 있는 청년들은 사공으로 일했나요?

강정랑: 아니, 그 사람들은 그냥 뭐 자기들 먹을 것만. 우리와 아무런 관계도 없고, 그냥 휴양하러 들어왔어. 그 사람들은 여기에 미역이 있어 우리가 왔다고 (생각)했으니, 그 사람들은 우리하고 관계가 없어.

강정랑 해녀가 독도에서 작업하고 있을 때 홍순칠 대장이 입도하였다. 홍순칠과 같이 온 청년들도 해녀들과 아무런 관계가 없었다. 박옥랑 해녀에게 독도 어장에서 기억에 남는 일을 물었다.

그 바닷가 산에 가서 가마니 깔고 누우면 어찌 편하겠어. 사람이 많고, 좁았어. 홍순칠하고 함께 있을 때는 저 안쪽 구석으로 (우리를) 보냈어. 우리가 이렇게 모여 있는데 편하겠어. 기가 막혔어. 돈 때문에… 눈물만 났어.

- 박옥랑 해녀

1954년 강정랑 해녀는 홍순칠 대장과 물골에서 거주했다. 그는 홍순칠 대장이 왜 그곳에 왔는지 몰랐다. 다만 홍순칠 대장이 휴양차 왔다고 했고, 노래도 잘하는 유쾌한 사람이라고 기억했다.

아주 유명한 사람이야. 국회의원에 출마한 사람이지. 보통 사람이 아니라 아주 유명했어. 머리도 참 좋고, 같이 어울릴 때 일본 노래 잘 부르고 멋졌어. 잘 놀았어.

- 강정랑 해녀

   해녀들은 홍순칠과 함께 물골에서 기거했지만 이들이 독도 수호를 위해 어떤 일을 했는지 몰랐다. 아마도 하루하루가 고된 노동으로 주위를 둘러볼 여유가 없어 독도의용수비대의 활동에 관심이 없었을 것이다.

   1954년 5월 20일경 독도의용수비대는 독도 서도 북서쪽 물골 근처에 처음 주둔하였다고 한다. 서도는 동도가 시야를 가려 동쪽에서 접근하는 일본 순시선을 감시하기에 적절하지 않았지만 생활할 곳이 여의치 않아 주둔 초기에 서도에서 해녀들과 함께 생활하였다.

   독도의용수비대 부대장 서기종은 "1954년 8월 독도에 처음 상륙한 날 동료 5~6명이 있었다"고 했다. 1954년 5월 20일 일본 돗토리현 수산시험선에 탑승한 『니혼카이신문』 기자의 독도 상륙기에는 '상이군인회에서 미역 채취작업에 파견한' 상이군인 여섯 명을 만났다고 했다. 이들은 정원도·이규진·하차진·양봉진 대원이었다. 일본 해상보안청은 1954년 7월 29일 "서도 서쪽 동굴 앞에 텐트를 치고 있는 한국인 여섯 명을 발견했다. 이들은 이 섬에 파견된 경비원은 아닌 것으로 보인다"고 보고했다. 1954년 5월부터 8월까지 독도 서도에 주둔한 독도의용수비대원은 홍순칠을 비롯한 여섯 명으로 추정된다.

홍순칠 대장의
해녀 모집과 어장 경영

독도 수호 활동을 쓴 홍순칠 대장의 『이 땅이 뉘 땅인데!』에는 "1955년 이른 봄, 독도에는 제주도에서 온 해녀 50여 명과 우리 대원 등 모두 100여 명이 미역 작업을 했다"고 썼다. 이춘양 해녀의 고향 제주도 협재마을에서 50여 명의 해녀가 독도 입도를 기다렸다. 제주에서는 이들을 '출향해녀'라 부른다.

임복녀 해녀에 의하면 처음 독도에 갔을 때는 경비초소가 없었으나 두 번째 갔을 때 초소가 있었고 경비대원이 살고 있었다고 했다. 독도경비대 초소는 1954년 8월 20일경 건설되었으므로 임복녀 해녀의 독도 도항은 1954년 봄이었고, 이듬해 1955년에 두 번째 간 것으로 보인다.

> 첫 회가 제일 고생했어. 홍순칠이 잘 해주었어. 쌀도 잘 담아 오고, 된장과 부식은 뭐이든지 다 주었어. 두 번째로 가보니 순

〈그림 4-8〉
홍순칠 대장의 저서
(표지사진 홍순칠)

경들이 집 짓고 살고 있었어. 순경들도 미역을 따고 전복도 따고 온갖 것들을 전부. 그러면서 살았어. 가서 고생만 했어.

- 임복녀 해녀

1954년 해녀들이 입도하였고 1955년 임복녀 해녀를 비롯한 50여 명의 해녀가 홍순칠 대장의 지휘하에 독도 도항을 시작하였다. 임복녀 해녀는 독도의용수비대원들과 서도에서 함께 자면서 일을 했는데 그는 독도의용수비대원을 사공이라고 불렀다. 그러면서 홍순칠 대장이 독도 어장의 주인이며, 그의 허

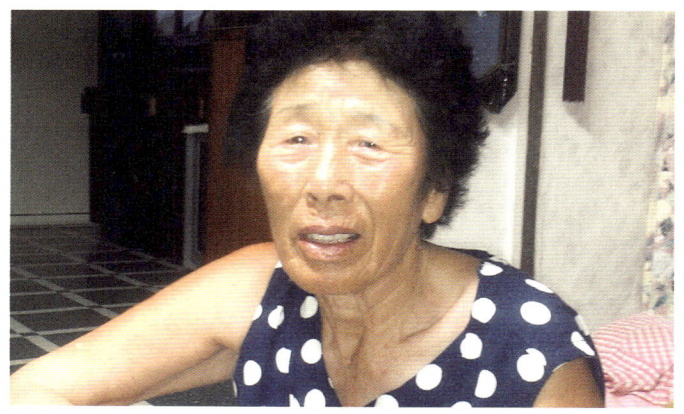

〈그림 4-9〉 임복녀 해녀(2013년 7월)

락을 받아야만 해녀들과 사공들이 갈 수 있었다고 말했다. 그는 사공을 경비대원이라고 불렀고 홍순칠 대장을 어장 주인이라고 말했다.

홍순칠 대장은 울릉도에서 해녀들을 기다렸다. 그들이 도착하면 다른 곳으로 가지 못하게 '꽉' 잡았다. 독도로 가려면 기상 상황을 살펴야 하고, 독도 어업에 필요한 물자를 준비해야 했으므로 공장처럼 생긴 건물을 빌려 해녀들의 임시숙소로 썼다. 그리고 독도로 갈 해녀들의 명단을 작성하고, 도항 수속을 밟았다.

우리 모두 (제주도에서) 부산으로 갔고, 부산서 포항에 갔어.

포항에는 연락선이 있어. 옛날에도 자그마한 연락선이 있었어. 그 연락선을 타고 울릉도에서 내렸어. 울릉도에 도착하니 큰 공장과 비슷한 곳을 하나 (홍순칠이) 빌렸어. 우리 마흔 명이 함께 살았어. 그곳에서 며칠간 살았는데 홍순칠이 모두 이름을 적었어. 그리고 독도로 들어갔어.

 - 임복녀 해녀

홍순칠 대장은 어장 경영에 필요한 쌀과 땔감, 독도에서 실어오는 미역을 관리하고 독도 어장의 제반 업무를 담당했다. 독도 어장의 주인으로 어업에 관련된 제반 업무를 처리하였다.

배에서 내리니깐 (홍순칠이) '딱' 잡았어. 그 사람이 아니면 독도에서 물질을 못 하거든. 어떻게 독도에 들어가겠니. 순경들도 다 그 사람이 모집해서 들어가고, 밥 먹는 거, 뭐 쌀 나르는 거 모두. 물도 싣고. 거기에는 물이 없으니까. 제주도에서 모집한 해녀들은 부산에서 포항으로 울릉도에서 독도로 갔어. 울릉도에 도착하면 홍순칠 대장이 기다리다가 '딱' 잡아서 공장 같은 큰 건물로 데려갔다. 며칠간 기다리면 날씨를 보고 독도로 갔어.

 - 임복녀 해녀

〈그림 4-10〉 1954년 8월 홍순칠대장 권유로 독도에 입도한 서기종 부대장
(「독도의용수비대, 활동기간·대원 수 날조됐다」, 『한겨레신문』, 2017년 9월 21일 자)

    독도 수비는 서기종에게 의뢰하였다. 독도의용수비대 부대장 서기종은 1954년 홍순칠 대장이 찾아와 "독도에 자주 못 간다. 보트랑 식량을 조달해야 하니 현장을 맡아달라"며 경비 업무를 부탁했다고 했다. 1955년 독도에서는 50여 명의 해녀와 경비대원 50여 명이 미역 채취와 건조·운반 작업을 하며 어업 경영과 수비 업무에 전념했다.

    당시 독도 어장에는 제주도 협재 출신의 해녀뿐만 아니라 구좌읍 해녀들도 있었다. 협재 출신의 강정랑 해녀는 "그때 1954년경 우리는 모르는 사람인데 어떻게 알았는지 동쪽에 사는 구좌해녀들이 들어왔다"고 했다. 이들은 조봉옥 해녀 가족과 그 지역의 해녀들이었다. 조봉옥 해녀의 시아버지와 남편은 제주도에서 울릉도로 오징어어업을 왔고, 이들의 권유로 조봉옥 해녀와 시누이 임화순 해녀가 독도로 건너왔다.

임화순 해녀는 "울릉도에 우리 아버지가 살고 있었어, 독도에. 사람이 살지 않는 그 섬에 물건(미역)이 있으니 잠수를 데려가자고 해서 해녀 몇 사람 모아서 갔어"라고 했다. 울릉도에 제주도 사람이 입도하면서 그 가족들이 함께 살게 되었고, 이들의 주선으로 독도 도항이 시작되었다. 조봉옥 해녀는 홍순칠 대장이 모집해 독도로 갔다.

조봉옥: 울릉도에서 홍순칠인가 뭐 하는 사람이 독도, 독도에 미역이 좋다고. 독도에 가서 물질하면 돈 많이 벌 수 있다고 했어.

조사자: 독도에 갔을 때 열 명 정도의 해녀들은 다 울릉도 살던 해녀들인가요?

조봉옥: 아니, 살던 해녀들은 아니여. 제주도에서 온 사람들이야.

조사자: 아, 할머니는 울릉도에 살았는데….

조봉옥: 응, 제주도에서 (모집되어) 왔어. 그래서 우리에게 독도에 가라고 했어. 독도에 가서 미역 따면 돈을 많이 벌 수 있다고 해서. 그때는 홍순칠은 안 가고 우리만 갔어. 우리끼리 갔어. 홍순칠을 통해서 다 한 거야. 우리에게

〈그림 4-11〉 조봉옥 해녀(2013년)

> 독도로 가서 미역 작업하라고 했어. 제주도 사람은 다 물질하는 사람들이야

조봉옥 해녀는 홍순칠 대장의 모집으로 독도로 갔고, 홍순칠 대장은 해녀들에게 독도에 가면 돈을 벌 수 있다고 했다. 조봉옥 해녀는 시아버지, 남편, 시삼촌 등이 울릉도에 살고 있었으므로 제주도 구좌해녀들과 함께 독도에 갔다. 홍순칠 대장은 독도 어장을 개척한 협재해녀와 울릉도에 거주했던 제주도 구좌해녀 가족들을 모아 독도 어장을 경영했다.

조봉옥: 모집했어. 제주에서 독도에서 물질할 사람을 모집했어.

조사자: 누가 모집했나요?

조봉옥: 제주도 사람. 독도… 울릉도 다니는 사람이 (모집하러 왔어). 처음에 우리가 갔어. 우리 시아버지와 시삼촌이 울릉도 살았어. (친척이) 울릉도에 살고 있으니. 여기 살면 돈벌이도 없고, 할 일이 없으니 울릉도에 와서 돈 벌라고 해서 우리 큰딸 세 살 때, 세 살 난 딸을 데려갔어. 울릉도에 가니 독도로 들어가면 미역 딴다고 했어. 미역을 따야 돈이 생기는 거니까. 그래서 미역 하러 독도에 들어갔어. 독도는 한 번도 가본 적이 없는 곳이야. 울릉도 남자들, 군인들이 갔다 왔어. 총각들, 그 사람들이 (모집)했어. 독도에 그 무슨 순칠이지? 잊어버렸어.

조사자: 홍순칠.

조봉옥: 그래, 홍순칠이. 홍순칠이 모집자야. 지금 뭐한 사람이라고. 그 사람들하고 그 밑에 작은 것 데리고. 그렇게 해서 독도에 들어갔어.

조봉옥 해녀는 세 살 된 딸을 데리고 독도에 갔다. 해녀에게 어업 활동은 생업이었고, 생활의 일부분이었기에 어린 자녀들을 데리고 가는 것이 일반적이었다. 독도도 예외는 아니었다.

어린 자녀들과 함께 수십 명의 해녀가 입도했다. 독도는 더는 사람이 살 수 없는 무인도가 아니었다.

⟨독도의용수비대와 순경의 업무⟩

독도의용수비대 대원 33명은 3년 8개월간 1953.4~1956.12 독도에 주둔하며 독도경비를 전담했다. 해녀들은 이들을 경비대원 또는 사공이라고 하였다. 조봉옥 해녀는 사공을 독도에 주둔한 상의 군인들이며 정식으로 근무한 사람은 순경이라고 했다.

조봉옥: 아기 데리고 갈 때 독도에는 순경도 살았어. 그때부터 독도를 지켰어. 그때는 제대 군인들이 지키고 나중에는 순경들이 왔어. 우리 아빠도 거기서 살 때 갔다 왔어. 교대하면서 독도를 지켰어. 우리가 물질할 때 일본 배가 빙빙 돌다가 갔어. 그래서 우리가 "일본 배 타고 일본 갈까?" 그렇게 말했었어. 그때도 경비대가 독도를 지켰어.

조사자: 할머니가 처음 봤을 때 군에서 제대한 사람들을 경비대 또는 경찰이라고 불렀나요?

조봉옥: 경비대라고 했어. 나중에는 순경들이 왔어. 순경들이 발령받아 독도를 지키러 온 거야. 우리가 물질 갈 때는 순경이 아니고 제대 군인들, 경비대라고 했어.

조사자: 아, 그럼 경비대가 살면서, 동도에 살면서 일도 도와주었나요?

조봉옥: 아니, 아니. 그건 아니야. 거기 사는 사람은 그것만 하고, 우리를 도와주는 사람들은 따로 있었어. 우리를 도운 사람들은 사공이야.

조사자: 그런데 홍순칠도 경비대 사람이었나요?

조봉옥: 경비대는 군대를 제대한 남자야. 이제 생각해보니 제대한 사람이 독도에 왔다는 말만 들었어. 홍순칠이 뭐라는지 (알 수 없지만). 그 밑에 (있는) 사람들이 (사공일을) 했어. 나중에는 순경들이 독도에서 살았어. 살면서 경비했어.

조사자: 경비대는 어떤 일을 했나요?

조봉옥: 경비대 사람들은 일했어. 독도 산에 올라가서 갈매기알을 주워오고, 삶아서 해녀들에게 나눠주고, 미역을 따면 사공으로 일하고. 경비대 사람들은 사공이야. 경찰들은 독도를 지켰다. 그 사람들 경비대은 아무것도 아니다. 이 본토 울릉도에서 해녀 밑으로 간 사람들이 해녀들과 같이 일했어.

1954년 독도에서 활동한 조봉옥 해녀는 홍순칠 대장의 부하를 군대에서 제대한 상이군인들로, 이들이 독도에서 해녀들의 일을 도운 사람들은 사공이라고 했다. 조봉옥 해녀는 해녀들을 도와 사공 역할을 했던 사람들은 상이군인들이었고 순경은 독도를 경비한 경비대원이라고 했다. 그는 상이군인과 경찰의 임무와 활동을 구분하였고 경비대원의 독도 경비를 언급하자 왜 그들이 독도에 와서 경비를 섰는지 의문을 품었다.

〈세 살배기를 데리고 간 조봉옥 해녀〉

독도는 아기를 눕힐 장소도 없을 만큼 열악했지만 해녀들은 이곳에서 아기를 키웠고, 또 아기는 자랐다. 조봉옥 해녀는 세 살 된 아기를 데리고 독도에 갔다. 독도 어장에서 조봉옥 해녀는 시누이, 시아버지와 함께 생활했다.

> 아기는 독도에서 잠을 못 잤어, 놀지도 못했어. 시아버지가 업고 살았어요. 밤에는 돌 위에 가마니를 깔고 눕혔어. 그러니 잘 컸겠어, 아주 작았지. 너무 말랐어. 시아버지가 업어주고, 잘 봐주었어.
> - 조봉옥 해녀

홍순칠 대장은 독도에 아기가 셋 있었다고 했다. 제주도에서 아기를 돌봐주는 40대 남자가 함께 왔는데 홍순칠 대장은 "얼마나

〈그림 4-12〉 독도에서 아기를 키운 조봉옥 해녀와 임화순 해녀

사내 구실을 못 했으면 이 독도까지 와서 아기를 보겠어"라며 그를 업신여겼다. 하지만 "우리나라 여성이 제주해녀만큼 부지런하다면 국력이 급성장할 것을 의심하지 않아"라며 제주해녀의 근면함에 존경심을 표했다.

해녀는 어로 활동을 하다가도 산기가 있으면 배 위에서 아기를 낳기도 하고, 먼 어장까지 아기를 데리고 다녔다. 조봉옥 해녀는 몽돌해변에 가마니를 깔고 아기를 눕혔고, 시아버지는 극진한 정성으로 아기를 키웠다.

독도 전주와
해녀의 수익 배분

해방 후 한반도 해안에서는 해녀어업을 반대하며 어장 이용을 허가하지 않았다. 경상북도어업조합의 공매 어장에서는 은행초를 100근당 1만 7천 환에 팔면 이를 캐낸 해녀들에게는 임금조로 7천 환, 생산가의 42%, 우뭇가사리는 100근당 1만 6천 환에 팔면 해녀들에게는 6천 200환, 생산가의 39%만 지급했다. 마을 어장을 소유한 어업조합에서는 판매가의 약 60%이상을 불로 취득하였다. 또한 해녀어업은 현금 수입을 보장할 뿐 아니라 고수익을 기대할 수 있었으므로 여러 어장에서는 해녀들에게 선금을 주고 선심을 산 후 막상 현장에서는 계약과 다르게 말해 생고생만 하고 한 푼도 못 버는 일도 허다했다. 만약 계약을 파기하면 물질 삯을 주지 않거나 선금이나 생활비를 고리대로 계산하는 등 횡포가 이만저만이 아니었다.

그러나 독도 어장의 전주는 고리대나 노예계약을 요구하지 않았을 뿐 아니라 해녀들과 좋은 관계를 유지하며 이익 분배도 원칙대로 해 주었다. 독도 어장에서는 제경비를 제하고, 사공에게 약속한 수익금을 나누어 주면 나머지는 해녀들의 몫이었다. 1954년 독도로 간 조봉옥 해녀에 의하면 어장 소유권자 전주와 해녀가 6:4 또는 5:5로 나누었다고 한다. 참고로 1960년 강원도 삼척해녀는 9:1로 이익을 나누었다. 삼척해녀 김수선은 9:1로 나누었어도 6만 원을 벌어 밭도 사고 재봉틀도 샀다고 했다. 삼척해녀들의 억척스러움과 근면함의 대가는 결코 적지 않았다.

독도의용수비대 보급대원이었던 김인갑은 경상북도 도의원까지 지냈던 인물이었다. 홍순칠 대장은 보급 참모들을 '독도에 필요한 물건을 구해 오는 보급의 우두머리'로 물자를 조달하는 책임자라고 하였다.

> 김인갑은 총무였어. 그때 나는 스물다섯이고, (김)인갑이 총무는 스물아홉이었어. 총무는 쌀이 없으면 쌀을 가져오고, 장이 없으면 장 가져왔어. 미역을 실어 나르는 것도 그 총무가 다 했어. 그러니까 미역을 팔면 몇 프로를 우리에게 줬어. 총무 (김)인갑은 그때 하나도 틀리지도 않고 잘 해줬어.
>
> — 임복녀 해녀

임복녀 해녀는 보급대원 김인갑을 신뢰했다. 해녀에게 필요한 물자를 보급하고, 어업이 종료되면 정산도 잘 해주었기 때문이다.

독도에 갈 해녀는 어업에 필요한 두렁박, 망사리, 물안경, 비창, 호미, 해녀복, 식량 등을 제주에서 모두 가지고 갔지만 독도의용수비대가 어장을 경영하면서 간단한 도구만 가져갔다. 고무 잠수복이 들어오기 전에는 광목으로 만든 해녀복 두세 벌을 하루에 서너 번씩 갈아입으면서 물질을 했다. 망사리로 미역을 한가득 캐고 나와서 불을 쬐었고 식사도 했다. 모든 것이 풍족했다.

1955년경 독도의용수비대는 직접 포항으로 가서 해녀를 모집하기도 했다. 1933년생 한복만 해녀(당시 22세)는 서귀포 출신으로 포항에서 조업하던 중 독도에 왔다. 울릉도에서 온 상이군인이 "매해 한림(협재)해녀들이 왔는데 아직 오지 않았다"며 모집했다고 한다.

군인 대장이 해녀를 모집하러 온 거야. 나는 제일 어려서 군인 대장이 누구인지 몰라. 그때 스물두 살이었어. 포항에 우리가 물질하러, 돈 벌러 갔는데 한림해녀들이 매해 다니다가 안 왔다고 했어. 그 잠수 모집한 해녀가. (그래서) 우리를 데리러 온 거야. 독도에서 뭐 할 거냐고 물으니까 미역 채취할 거라고 했

어. 그때는 소라나 전복에 돈을 안 줄 때였어. 미역만 돈 줄 때
였어. 소라하고 전복은 많이 있었어. 그래도 그거 못 건졌어. 큰
집 섬 것이라고 했어. 하나 처먹지도 못했어. 그렇게 엄중한 섬
이야. 아직도 엄중하지만.

– 한복만 해녀

 독도의 공동어업권은 미역 어장에 한정되었기 때문에 미역
만 채취했고, 전복과 소라는 그 대상이 아니었다. 한복만 해녀
는 포항에서 울릉도로, 이틀 후에 독도로 갔는데 동행한 상이
군인 중 한 사람이 사공이었고, 또 다른 사람은 자유롭게 왕래
했다고 한다. 한복만 해녀는 물골 해변에 천막을 치고 20여 일
정도 미역 작업을 했다.
 일반적으로 어장 경영자와 해녀의 수익분배는 총판매액에
서 모든 경비를 제하고 협의한 계약 조건에 따라 분배하였다.
노동력을 제공한 노동자가 경영 수익의 일정한 분배를 받는
보합제步合制 방식으로 독도 어장에서는 해녀들이 40~50퍼센
트 받았다.

조사자: 독도에서 미역을 채취하면 어떤 방식으로 배분했나요?
임화순: 팔아서… 돈 받는 걸로.
조사자: 미역을 팔면 판매금액을 반씩 나누나요?

임화순: 우리 해녀들하고 그 사공하고 갈라 먹어.

조사자: 어떻게 나눴나요?

임화순: 미역을 팔아 오면 우리 해녀들과 반씩 나눠가졌어.

조사자: 반반 나눈 건가요?

임화순: 아니야. 오부나 사부는 옛날 규정이야. 발동기로 가면 오부, 노 젓고 가면 삼부. 그러니까 발동기로 가서 오부로 했어. 전주가 운반해서 팔아왔어. 돈을 나눠주면 우리 해녀들도 나눴어. 잘한 사람이고 못한 사람 없어. 똑같이 나누었어.

어장 경영자는 모든 어업경비를 제외한 순이익을 해녀들과 5:5로 나누었다. 해녀들도 공평하게 똑같이 나누었고, 미역 생산량이 많아 수익이 컸다. 어장 경영자는 바위마다 미역을 널어 말렸고, 날씨가 좋으면 울릉도로 가져가서 말리기도 했다. 조봉옥 해녀는 독도 어업에 대해 다음과 같이 말했다.

조봉옥: 날이 좋으면 배(운반선)가 왔어. 울릉도에서 배가 들어와 미역을 실어갔어. 또 울릉도로 보내고 실어가고. 전주들에게 실어 보내는 거야. 배(운반선) 오라고 해서.

조사자: 그러니까 전주들은 그 섬에 같이 살고?

조봉옥: 응, 섬에. 두 번째 갔을 때 많았어. 한 열 사람도 넘었

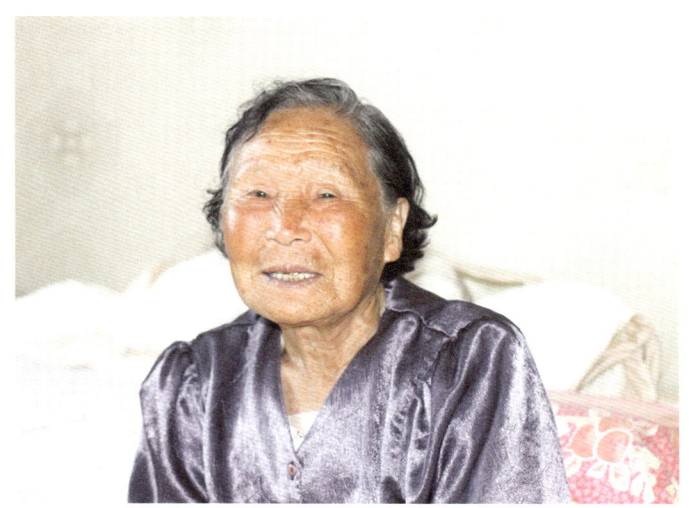
〈그림 4-13〉 임화순 해녀(2013년 7월)

어. 사공들이야. 다 일하는 사공들. 감시하는 사람은 없었어. 해녀들이 물에 들어가면 두렁박을 올리고, 미역을 내리고, 어디에 널고, 돌아가면서 널고, 파도가 조금이라도 안 치는 곳이 있으면 그곳에 널었어. 그런 곳에 널어 말리고 했어. 널지 못한 미역들은 실어 보냈어, 날 좋은 때.

조사자: 진짜 미역이 돈이 됐던 시절인가요?
조봉옥: 그때는 미역 아니면 돈이 안 됐어. 돈 벌 것이 없었어. 그때는 미역 시세가 그렇게 좋았어. 미역이 많이 팔렸어.

울릉도와 독도를 왕래한 운반선은 이필영 소유의 6마력짜리 삼사호였다. 이필영은 독도의용수비대 보급대원이었고, 해녀들이 독도로 도항할 때 그의 집에서 숙박하기도 하였다. 경비선은 닷새에 한 번씩 식량과 미역을 운반했는데 독도 어업에서 가장 중요한 업무였다.

1942년 제주시 구좌읍 김녕리에서 태어난 김영자 해녀는 1972년경23세 독도 서쪽 굴에 100일 동안 살면서 미역을 채취했다. 당시 사공들은 독도미역을 속초로 직접 운반해 판매했다. 1970년대에는 임금제가 보합제에서 계약제인 월급제로 바뀌어 월급으로 2~3만 원을 받았다고 한다.

월급제로 계약된 해녀들은 날씨가 좋지 않아 작업을 못 하면 미역을 널며 여러 일을 했다. 월급제로 고용될 당시 해녀 열다섯 명구좌·한림 해녀은 사공 아홉 명과 함께 일을 했는데, 해녀들이 미역을 채취하면 사공들은 미역을 들어 올려 널고 정리 작업을 했다. 해녀 한 명이 많게는 여덟 자루나 채취했다고 하니 100일간 생산한 양은 그야말로 엄청났다. 월급제로 고용된 해녀가 100일간 번 돈은 4만 5천 원이었다. 그 돈이면 제주에서 밭 800평을 살 수 있었다고 한다.

〈그림 4-14〉 미역작업을 하러 가는 해녀

〈그림 4-15〉 미역작업을 하고 있는 해녀

제5장

해녀의
독도 생활사

　1952~1953년경 울릉도에 입도한 해녀들은 독도 어장으로 건너가 동해의 파도를 헤치며 독도를 개척했다. 이 장에서는 제주해녀들이 처음 독도에 입도했을 때의 감격, 고단한 어업 활동, 물골에서의 생활, 경비대원들과의 교류 등 독도에 삶의 터전으로 마련하는 과정을 여러 해녀의 구술을 통해 살펴보려고 한다.

물골 위의 간이주택

해녀들은 서도 물골 해변에서 생활하였다. 물골은 눅눅하고 햇볕이 잘 들지 않아 생활하기가 불편했다. 그래서 물골 주변 몽돌해변 앞에 천막을 치고, 가마니를 깔고 생활했다. 물골에는 말린 미역을 높이 쌓아두었는데, 어떤 해녀들은 그곳에 올라가 잠을 자기도 했다.

1954년경 포항에서 모집되어 독도에 온 한복만 해녀는 물골 주변에 천막을 치고 가마니를 깔아 생활했다. 『니혼카이신문』은 「죽도상륙기竹島上陸記」에서 해녀들의 주거지를 다음과 같이 설명했다.

> 서도 서안에 올랐다. 거기는 폭이 2~5미터의 해안선이 60~70미터 이어진다. 절벽을 따라 멍석이나 가마니가 깔린 곳이 주거지이다. 안쪽의 동굴에서 비와 이슬을 피하지만 대부분의

생활은 몽돌해변에서 한다.

― 「죽도상륙기」, 『니혼카이신문』, 1954.6.3.

절벽 밑은 춥지 않아 주거 공간으로 적당했다. 한복만 해녀는 원래 이곳은 협제해녀들이 거주했던 곳이었으나 그들이 오지 않아 이곳에서 생활했다고 한다. 독도에서 거주하기 가장 좋은 곳은 몽돌해변 주변이었고, 나중에 도착한 협재해녀들은 물골에서 살았다. 해녀들은 자갈밭에 가마니를 깔고 야전용 담요를 덮고 잤다. 하지만 튀어나온 돌에 몸이 배겨 잠을 설쳤다.

> 밤에 자려고 저런 산 밑에 가마니를 깔았어. 가마니를 펴고 누우면 이쪽에서 찌르고, 저쪽에서도 찌르고. 일어나서 그 자갈들을 치우면 또 여기저기서 튀어나온 자갈들 때문에 온몸이 배겼어. 어떻게 살았는지 모르겠어요.
>
> ― 조봉옥 해녀

독도에서 가장 안전한 곳은 물골이다. 기상이 갑자기 나빠져 집채만 한 파도가 몰려오고 큰비가 내리며 바람이 불면 물골로 대피하는 것이 가장 안전했다. 간혹 큰 태풍이 오면 물골에 쌓아두었던 미역이 모두 떠내려가기도 했다. 임영자 해녀는 그럴 때면 해녀들은 서로의 허리를 끈으로 동여매고 부둥켜안으며 안간힘을 쓰며 버텼다고 했다.

> 파도가 심하게 몰아쳐 죽는 줄 알았어. 삼베로 서로를 묶어 살았어. 파도가 마구 쳤어. 파도가 굉장했다.
>
> — 임영자 해녀

몽돌해변은 임시 거처로 좋았으나 기상을 고려하면 물골이 적당했다. 1959년경 독도의용수비대 부대장 정원도는 대규모 어장 경영을 계획하고 많은 사람이 거주할 수 있도록 물골에

〈그림 5-1〉 독도를 방문한 임영자 해녀(필자와 함께)

200

간이주택을 만들었다.

    옛날에는 해녀가 많이 안 들어가서 그냥 자갈밭에 가마솥만 걸고 살았어. 우리가 서른여섯 명 들어갈 때 가지고 간 나무를 양쪽에 걸쳐놓고 그 위에서 살았어. 그 밑에서 살림을 했어. 밥 해 먹고. 저 물통 아래에서….

- 김공자 해녀

1959년 재향군인회는 천막생활을 청산하고 물골에 안정적인 주거 공간을 만들었다. 1층은 식사를 할 수 있는 생활공간, 2·3층은 주거 공간으로 만들었다. 물골에 정주시설을 마련함으로써 어민들의 거주 공간이 마련되어 최종덕은 독도의 최초 주민이 되었다.

1965년 어업면허권을 확보한 최종덕은 지금의 어민 숙소 자리에 토담을 쌓고 슬레이트를 얹어 집을 지었다. 이곳은 물골과 반대 방향으로 물이 없어 생활하기 어려웠지만 바람을 피할 수 있는 최적의 공간이었다. 추위를 피하고, 파도와 바람의 영향이 적어 언제든지 조업하기에 적당하였다.

    물골은 겨울철에 하늬바람 소굴이라 배가 못 나가. 파도가 쎄. 물골 앞에는 배가 한 달에 한 번도 못 와. 다이버 배 때문에 거기 가서 살게 됐어. 그 후로 그때 자기대로 길을 만들면서 왔다 갔다 했어, 살려고. 거기 가서 살았어. 물골에서 살았는데 작업하려면 한 번 나오지 못해. 우리가 있는 곳에 사람이 올 수 없어, 파도가 쎄서. 매일 하늬바람만 불어. 폭풍만 불어. 밑에 가면 잔잔해서 언제든지 작업할 수 있어. 작업하려고, 배를 위로 올리려고 하면. 좋아서 산 게 아니라. 거기는 물도 없어. 물도 날 좋을 때 배로 싣고 와야 해. 바람 때문에 밑에서 살았어. (물골은) 파도가 너무 쎄.

- 고순자 해녀

최종덕은 지금의 어민 숙소로 이사한 후 생활공간을 늘려가며 주거 공간을 마련하였다. 서도에서 동도로 넘어가는 중간에 연장을 넣을 수 있는 조그만 창고도 지었고, 슬레이트와 시멘트로 온돌방과 건조장, 창고도 만들었다. 이곳에서 박부자 해녀가 호롱불 아래에서 십자수를 놓았고, 아이들이 놀았다.

십자수 할 때 종덕 아저씨가 "좀 쉬다가 누워서 한잠 자라"고 하면 "수놓아야 한다"고 말했어. 최종덕 아저씨는 "아이고야" 하며 안쓰럽게 보았어. 그때는 시집가기 전이라 베개싸개에 네모나게 십자수를 놓았어.

- 박부자 해녀

〈그림 5-2〉 1950년대 물골 앞 간이주택

〈그림 5-3〉 1970년대 물골 앞

〈그림 5-4〉 독도해녀의 생활

〈그림 5-5〉 독도에서 수놓은 십자수를 설명하는 박부자 해녀

　최종덕은 잠수기어업 허가권을 확보하자 배를 대기 어려운 물골에서 지금의 어민 숙소로 거주지를 옮겨 항구적인 주거공간을 만들기 시작했다.

강치 어장과
독도의용수비대

우리나라의 옛 기록인 신경준의 『동국문헌비고』에는 강치가 가지어나 가제라는 이름으로 등장한다.

> 바닷속에 큰 짐승이 사는데 모습은 소와 같고, 눈동자는 붉고, 꼬리는 없다. 해안에 떼를 지어 있다가 사람을 만나면 물속으로 달아나는데 이름은 가지_{가제}라 한다.
>
> – 『동국문헌비고』

1894년 일본 정부로부터 울릉도 어장 개척 명령을 받은 일본인 수산기사 사토 교스이佐藤狂水生는 독도의 강치 울음소리가 1리 밖까지 들려 무서웠다고 했다. 또 일본 오키도인들은 이 섬에 사는 괴물이 괴성을 내므로 가까이 가지 말아야 한다고 했다. 이처럼 일본인들 사이에서는 독도가 강치의 섬으로 통용되고 있었다.

　1903년경 일본은 강치 수요가 발생하자 오키도 어민들이 독도로 난입해 경쟁적으로 강치를 남획했다. 러일전쟁이 임박한 상황 속에서도 강치 어장의 경제적 가치를 노린 나카이 요자부로는 1904년 9월 29일 일본 정부에「리양코도 영토 편입 및 대하원リヤンコ島領土並貸下願」을 청원하며 어장을 독점했다.

　독도의 강치를 남획하며 어업권자로 자리를 잡은 나카이 요자부로는 홋카이도 가이바섬海馬島 강치 어장 경영을 계획하였다. 1909년 그는 가이바섬 강치 어장의 허가권을 확보하기 위해 가라후토樺太, 사할린 청장廳長에게『사업경영개요』을 보내며 자신이 주도한 독도 편입에 힘을 실어준 고위 관료들의 이름을 거론했다. 그는 농상무성 수산국장 마키 나오마사牧朴眞는 주의할 것을 당부했고, 수로부장 기모쓰키肝付는 독도가 무소속임을 알려주었고, 정무국장인 야마자 엔지로山座圓次郎는 일본 영토 편입 청원서 제출을 지시했다며 자신의 입지를 과시했다.

　본 도가 울릉도에 부속한 한국의 영토所領라는 생각을 갖고, 장차 통감부에 가서 할 바가 있지 않을까 하여 상경해서 여러 가지를 획책하던 중 당시 수산국장인 마키 나오마사牧朴眞의 주의로 말미암아 반드시 한국령에 속하지 않는다는 의문이 생겨 이를 여러 면에서 조사한 끝에 수로국장인 기모쓰키肝付 장군의 단정에 의거해 본 도가 완전히 무소속임을 확인하게 되었다. (중략) 야마자 엔지로는 영토 편입을 급히 요청한다고 하면서 망루를 세우고 무선 혹은 해저 전선을 설치하면 적함 감시에 대단히 좋지 않겠느냐. 특히 외교상 내무성과 같은 고려를 요하지 않는다. 급히 원서를 본 성에 회부해야 한다고 의기헌앙하였다. 이와 같이 하여 독도는 결국 본방 영토에 편입되었다.

- 『사업경영개요』

나카이 요자부로는 외무성 정무국장 야마자가 "망루를 세우고 무선 혹은 해저 전선을 설치하면 러시아 함대를 감시하기가 대단히 유리하지 않겠냐"며 지정학적으로 중요한 독도를 어업인의 공로로 편입한 사실을 강조하였다. 나카이 요자부로는 일본 관리들이 자신을 이용해 독도를 불법 편입한 사실을 알고 있었으며, 인맥을 과시하기 위해 영토 편입에 개입한 일본 관리들의 실명을 기록하였다.

나카이 요자부로는 강치를 무자비하게 학살하였다. 강치 어장보호규정에 따르면 '길이 8척(1尺=30.3cm) 이상만 포획할 것, 한 기간에 500마리 이상 포획하지 말 것, 보호 어장에서는 포획하지 말 것, 분만한 강치는 포획을 고려할 것' 등 보호 규정이 마련되어 있었으나 지키지 않았다. 그는 잡기 쉬운 임신한 강치, 어린 강치, 갓 태어난 강치들을 몽둥이로 때려잡거나 그

〈그림 5-6〉 독도 어장의 독점권을 확보한 나카이 요자부로(中井養三郎)
스기하라 다카시(杉原隆), 2014.4.26, 「나카이 요자부로의 지시마행(千島行)」

물로 잡았다. 그가 포획한 강치 수는 1906년 수컷 401두, 암컷 1,104두, 어린 강치 443두 총 1,948두였고, 1907년에는 수컷 427두, 암컷, 1,057두, 어린 강치 175두, 태아 50두 총 1,709두였으나 누락한 것이 더 많았을 것이다.

강치 남획으로 독도 바다는 시뻘겋게 물들고 피 냄새가 진동했다. 1905년 사메시마(鮫島) 사세보 진수부(佐世保 鎭守府) 사령관은 '썩은 강치 바다 투기 방법 엄달'에 관련한 행정문서를 시마네현에 보냈다.

강치가죽만 벗겨가고 살코기는 그대로 그곳 해안에 던져버 림. 그 수가 몹시 많아서 점차 부패하여 부근 조수가 황색을 띠게 되고, 악취를 풍겨서 도저히 사람들이 견딜 수가 없게 되었다.

- 문서번호 019-01, 佐鎭機密第7號 /49,
「竹島海驢漁獵者腐敗海驢投棄ニテ投棄方法嚴達及照會寫」

나카이 요자부로는 가이바섬 강치 어장의 어업 개시 정보를 입수하고 허가권 확보를 계획하였다. 그는 남획으로 독도 어장의 경영 수지가 악화되어 어장 경영이 불가능하게 되자 강치어업을 당분간 단념하고, 가이바섬 강치 어장 어업을 계획하였다. 그리고 그가 파산하자 독도 어장의 어렵권을 구입한 일본인은 울릉도 거주 일본인 오쿠무라 헤이타로에게 전복·소라 등의 공동어업권을 판매하였다. 울릉도에서 통조림 공장을 경영했던 그는 강치어민을 대신해 독도에서 잠수기어장을 경영하였다.

1970년 러시아에서 열린 세계자연보호학회에서 일본학자들은 "독도의 강치를 한국 경비대원이 모조리 잡아 멸종시켰다"고 주장했다. 이 소식을 들은 홍순칠 대장은 "일본 오키도인들이 대량 포획한 증거를 가지고 있다"며 자신이 주둔한 "3년 반 동안 20여 마리를 잡았고 그 이상은 가당치 않다"고 분개했다. 홍순칠 대장이 언급한 오키인의 대량 학살은 나카

〈사진 5-7〉 독도 가제바위(독도재단 제공)

이 요자부로의 남획을 지적한 것으로, 강치 기름과 가죽을 대량 이용하는 일본인이 강치를 멸종시켰다.

한방에서는 해구신海狗腎을 정력제로 이용하였고 한국 남성들이 선호하였다. 이승만 대통령이 강치의 수를 보고하라고 지시하자 홍순칠 대장은 700마리 정도의 강치를 500마리만 보고했다. 그가 쓴 저서에는 군 장성들에게 해구신을 팔아 무기를 구입하려고 일부러 숫자를 줄였다고 했다.

1950년대 독도에는 500~700마리의 강치가 있었다. 송경숙 해녀는 이곳저곳에 앉아 있는 강치를 보았고, "강치들이 막 올라와서 앉아 있었다"고 기억했다. 가제바위라고 불리는 물골

〈그림 5-8〉 강치를 안고 있는 김공자 해녀

앞 넓적한 바위가 강치들의 쉼터였고, 독도주민생활사에 실린 '강치를 안고 있는 해녀'는 가제바위 위에서 갓 낳은 강치 새끼를 안고 있는 김공자 해녀이다. 이 사진은 1959년 경비대원 박경사가 찍었다.

동도와 서도 사이에 또 물개가 있어. 물개바위가 있어, 물개들 잘 앉는 바위가. 거기에 가보니 금방 새끼를 낳아서, 어떻게 해서 망아리에 잡아 내가 물골 앞까지 왔어. 그때 카메라로 찍어준 사람이 박경사라고, 대구사람이야.

– 김공자 해녀

　해녀들은 강치를 만나면 '물 아래로, 아래로' 손짓하며 아래로 내려가 함께 헤엄치며 놀았다. 강치는 서커스용으로 판매될 정도로 영리했고, 성격이 온순해 해녀의 친구였다. 해녀들은 강치가 바다 안전을 지켜주는 영험한 동물이라고 했다. 한복만 해녀는 (사공이) "강치를 잡은 날부터 바다가 험악해졌어. 울릉도 사람이 수컷을 잡아버렸어"라고 했다. 그러면서 자신이 병이 난 것도 강치를 먹었기 때문이라고 했다.

　바위 위에 강치들이 막 올라와. 까맣게 된 것, 수컷이 있는데 수컷을 쏜 거야. 그것을 쏜 후 바다가 몇 날 며칠 거칠어졌어. 강치를 먹고 나서 우리가 다 아팠어. 한 형님은 안 먹어서 안 아팠고, 난 먹어서 아팠어. (나는) '형님들이 다 죽으면 어떻게 하지? 다 아파 다 죽으면 어떻게 하지?' 하고 걱정했어.

– 한복만 해녀

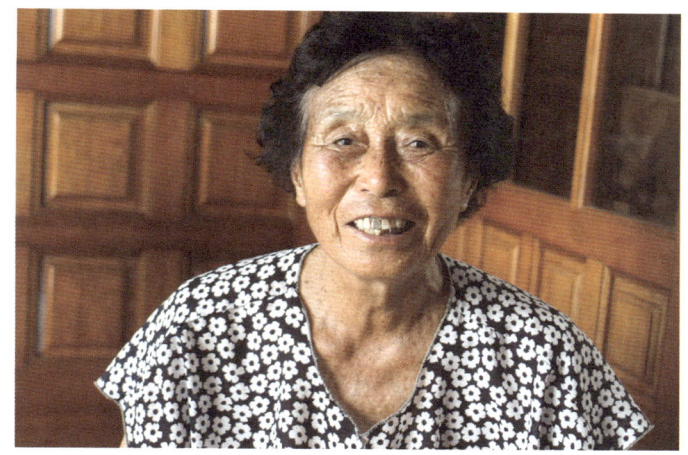
〈그림 5-9〉 한복만 해녀(2013년 8월)

　지금 곰곰이 생각하면 자신이 아픈 게 강치의 간을 생으로 먹어서 식중독에 걸린 것이 아닐까 생각했다. 삶은 고기를 먹은 협제해녀는 아무 이상이 없었기 때문이다. 독도의용수비대와 독도에 간 어민들은 식량 부족으로 강치를 잡았고, 맛이 없는 살코기보다 내장과 간을 선호했다.

　한편 울릉도 어민들은 강치의 습성을 알았고 기상을 예측했다. 10년간 독도경비대원으로 생활한 황영문은 강치와 갈매기, 지평선의 변화를 보고 기상을 예측했다. 그는 "물개가 바람을 따라 울고 가면 며칠 후 태풍이 섬 주위를 엄습한다. 갈매기가 창공에 떠 춤을 추면 2~3일 내 험상궂은 파도가 온다. 울릉

〈그림 5-10〉 독도경비대원의 시(『독도의 한토막』, 2019, 독도박물관)

도가 뿌옇게 보일 때는 날씨가 나빠진다"며 독도 경비에 필요한 날씨를 자연의 변화에서 예측하였다. 황영문은 강치를 물개라고 했는데 그의 시 〈물개〉에는 "남실거리는 남풍이 불면 너의 신기한 기상통보에 머리를 숙인다"며 강치 행동에 놀라워했다.

해녀와 독도의용수비대

　서도는 해녀의 어업공간이고, 동도는 경비대원이 근무하는 경비 지역이다. 동도에는 경북지방 경찰청 소속 경비대원이 상시 생활하는 경비 지역으로 해녀의 동도 이동은 불가능했다.

　독도의 섬은 두 개야. 아래 섬은 군인들이 보초를 서는 섬인데 섬이 작아. 우리가 사는 미역섬이 커. 그 아래 섬동도은 구경도 못 했어. 독도는 그리 엄중한 섬이야. 이제는 일반인이 구경도 가고 여행도 가지만 그때는 보초를 서는 사람이 일절 봐주지 않았어. 독도에 살았어도 동도 구경은 못 했어. 그냥 미역 일만 했어.
　　　　　　　　　　　　　　　　　　　　　　　　- 한복만 해녀

　경비대원들은 물을 길으러 서도 물골에 왔고, 야유회 행사로 서도에 놀러 왔지만 해녀들의 동도 입도는 금지됐다.

〈그림 5-11〉 가제바위에서 야유회를 즐기는 경비대원들과 해녀(『독도의 한토막』, 2019, 독도박물관)

그러나 독도는 바다 한가운데 있는 섬이었고, 배를 정박할 곳도 없고, 기상 변화도 심하여 서로 협력하지 않으면 살 수 없는 곳이다. 경비대의 식량 보급이나 교대 인력 때 들어오는 배를 타고 해녀들이 들어왔고, 나갈 때도 도움을 받았다. 경비선은 해녀들뿐만 아니라 생산한 미역도 울릉도까지 실어다 주었다.

　　스무 날이 되면 경비대원들이 오가니까 우리도 갔어. 그때 미역도 실어다 주었다. 미역을 바깥으로 어떻게 실어 나를까 걱

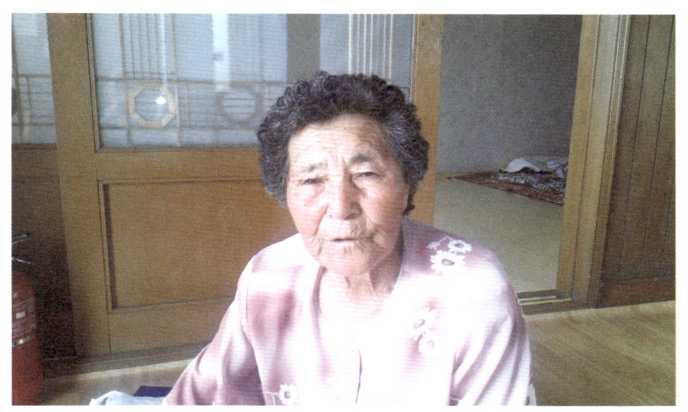

〈그림 5-12〉 고두열 해녀(2013년 7월)

정하니 경비원들이 도와주었어. 울릉도 와서는 품을 주면 되니까. 교대하는 경비원들이 실어주었어.

- 고두열 해녀

1950년대 중반부터 1970년대 후반까지 독도경비대는 경비선으로 화랑호를 이용했다. 화랑호는 교대 인력 및 물자 수송을 전담했다. 화랑호 선원은 독도의용수비대 대원인 정원도 1956.1.30. 퇴사, 서기종 1956.4.23. 퇴사, 이상국 1956.10.9. 퇴사 등과 황영문, 하자진, 양봉준, 김영호, 김영복, 이규현 등 아홉 명이었다. 이들은 해녀들의 일에 적극적으로 협조했다.

해녀들은 경비선을 타고 독도를 왕래하였다. 경비대원과

219

〈그림 5-13〉 화랑호에 승선한 경비대원(『독도의 한토막』, 2019, 독도박물관)

해녀는 일을 떠나 젊은이들의 우정, 육지와 멀리 떨어진 외로운 섬에서 함께 지내며 생긴 연민 등 다양한 감정이 섞인 관계였다. 잠자는 것부터 먹는 것까지 모든 것이 열악한 상황 속에서도 가장 견디기 힘든 것은 외로움이었다. 독도의용수비대 대원들은 "강풍아 자꾸 불어 다오. 님 없는 독도에서 해녀들과 뛰고 놀게"라고 노래를 부를 정도로 이들은 서로의 외로움을 감싸주었다. 경비대원들은 쉬는 날 오락회를 열고 해녀들과 밤이 깊을 때까지 재미있는 시간을 보냈다. 자연히 선남선녀들 간에는 사랑이 싹텄고, 밤에는 서도로 건너가 사랑을 속삭

쉴새없이 봄은 이웃에도 찾아왔다.
봄은 청춘의 맥박이 고동치는 계절이다
겨울새싹 생명들이 대지를 뚫고 올라올땐 아지랑이
들이 아롱거리며 사라지고 지금쯤은 나울광주리를찬
조잘거리며 나물캐는 이뻔이의 모습이 선하다
때를따라 봄소식을 알고 제주도 해녀들이 학포채를
작업차 올때면 그립던 여자의 미소를 본다
지루하던 근무시간도 짧다
갈매기도 봄을따라 날아와 알을 낳기 분주하고
육지와 같이 갖가지의 꽃은 피지 않으나 몇그루
이름모를 꽃은 계절을 아르켜 준다.

〈그림 5-14〉 독도의 봄과 해녀(『독도의 한토막』, 2019, 독도박물관)

〈그림 5-15〉 삼형제굴 바위 앞의 독도의용수비대(독도의용수비대 제공)

이다가 새벽에 돌아오는 대원들도 있었다. 그러자 홍순칠 대장은 남녀규제법을 만들어 이들의 행동을 규제했다.

"독도에 봄이 오면 미역을 채취하러 해녀들이 들어왔다. 봄바람 속에 해녀들의 향기로운 미소가 경비대원들에게 전해지면 지루했던 근무시간이 어느덧 끝나 있었다"고 황영문은 회상했다. 일을 마치고 돌아오는 해녀들은 경비대원들에게 손을 흔들며 미역이나 전복을 주었고, 경비원들은 갈매기알을 주기도 했다. 해마다 봄이 되면 삭막하고 단조로운 독도의용수비대의 일상에 해녀들의 웃음소리가 꽃이 되어 피어났다.

동도는 경비 지역으로 민간인의 출입이 금지되었으나 암묵적으로 해녀들의 거주를 인정해 주었다. 1958년 독도에 입도한 장부자 해녀는 경비대장에게 허락받고 동도에 거주했다. 그는 사람들 모르게 전복어업을 했는데, 그 사실이 알려져 경비대장이 곤란한 상황에 빠졌다.

> (독도경비)대장에게 말해서 독도에 갔어. 스무 살 때 한 달 사는 걸로 해서 들어갔어. 그때는 정말 미안했어. 전복 조금 잡았어. 우리가 밥해 주고 거기서 한 달간 일하고 나왔어. 그때는 경찰들이 다 비밀로 해줬어. 다른 여자들은 안 들어갔는데, 그때 누가 제주도에 연락해서 마무리를 지었어.
> — 장부자 해녀

장부자 해녀는 해녀들의 입장을 이해해 주고 호의를 베풀어 준 경비대장에게 정말 미안하고 감사한 마음을 전했다.

1956년 8월 25일 자 『동아일보』는 「이색의 여女주민, 구슬피 우는 물개」라는 기사에서 해녀 세 명이 경비대원과 동거한다고 보도했다. 「이색의 여女주민」은 다름 아닌 제주해녀였다.

> 독도를 지키는 경비초소 방안에는 예쁘장한 젊은 아가씨 셋이 웅크리고 앉아 있다. 경비 순경에게 "가족들을 데리고 왔느냐?"고 묻자 순경은 얼굴을 붉히면서 "아니오, 제주도에서

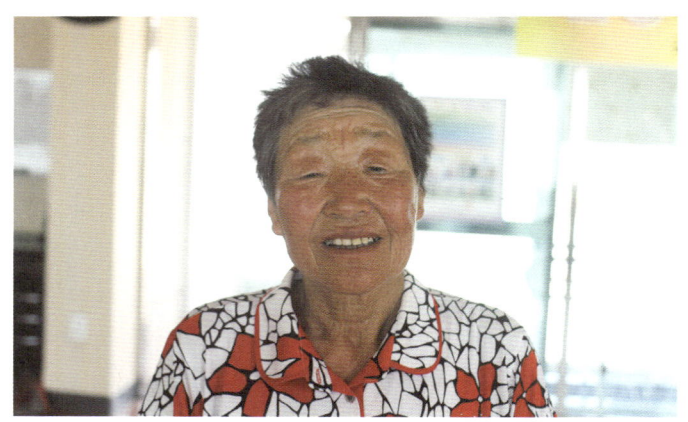

〈그림 5-16〉 장부자 해녀(2013년 7월)

〈그림 5-17〉 독도에서 함께 생활한 김공자 해녀

〈그림 5-18〉 독도사랑 작품 공모대회에 참가한 장부자

〈그림 5-19〉 수원리 복지회관에 걸린 독도 무용 사진

〈그림 5-20〉「독도의 생태」, 『동아일보』, 1956년 8월 25일 자

미역을 따러 온 해녀들입니다"라고 대답했다. 아무리 미역이 많다고 하더라도 제주도에서 이 멀고 먼 무인도까지, 하필 세 사람만…. 이런 생각을 하며 얼굴을 들 줄 모르는 해녀들에게 "그래 미역 많이 땄소?" 하고 물으니, 모기 같은 소리로 "아니오" 하고 말문을 닫았다. 아랫목에는 다른 경비대원 한 사람이 술에 만취되어 코를 골고 자고 있었다. 이날 경비초소의 분위기는 자못 추잡하기 짝이 없었다. 여섯 명의 남자와 세 명의 아가씨, 물론 적적하기 짝이 없기는 하나 외적이 언제 침범할지도

모를 국토의 최동단을 수비하는 경비초소가 이렇게 무질서해도 괜찮은가? 이런 생각이 자꾸만 머리를 스친다.

－「독도의 생태」,『동아일보』, 1956년 8월 25일 자

경비대원들의 하루는 반복되는 생활로 하루하루가 지루했다. 경비대원 황영문은 매일 아침 6시 30분에 기상하여 3인 1조로 해안을 순찰하고, 근무가 끝나면 독서, 화투, 탁구, 낚시 등으로 시간을 보냈다. 유일한 벗인 라디오가 세상일을 전해 주었고, 지루한 일상이 반복되는 가운데 해녀들의 도항을 알리는 봄이 오면 언제 그랬냐는 듯 삶에 활력이 일었다.

경비대원의 근무 기간은 20일~한 달이었으나 날씨의 영향으로 경비선이 오지 못하거나 접안이 불가능하면 먹을 것도 없고 울릉도로 갈 수도 없어 무인도의 생활은 매우 고달팠다. 악천후가 계속되었을 때 해녀들은 경비대원들에게 물과 식량을 조달해 주었다.

어떻게 하다가 식량이 떨어질 때는, 해녀들이 아니고 경찰관이. 이제는 축항이 있어 언제든지 배를 댈 수 있지만 그때는 날이 안 좋으면 돌아가 버려. 그때 화랑호라는 경비선이 있는데 8시간, 7시간이 걸려. 나중에 포항에서 들어왔는데 6시간 걸려. 날이 나쁘면 독도에 가도 물건을 풀지 못하고 돌아오는 수가 있

어. 순경들은 한 달이나 보름치 식량만 가져가. 식량이 떨어지면 죽도 쑤어 먹고. 식량이 떨어졌다는 신호로 경찰관들이 총을 쏴. 물이 떨어지면 해녀들이 사는 곳으로 와서 물을 길어가고. 이삼 일씩 굶을 때도 있어. 순경들은 굶을 때도 있어 밥도 못 먹고.

- 김공자 해녀

김공자 해녀는 자신을 해녀 특공대라고 했다. 경비선이 오지 못하면 '우리 해녀들은 헤엄쳐 갈 수 있다'며 쌀을 봉투에 담아 날랐고, 한 번은 물이 떨어졌다고 해서 물을 쇠통에 담아 주었다고 했다.

김순하 해녀는 울릉도 보급선이 독도에 접안하지 못하고 식량을 바다에 떨어뜨리자 재빨리 뛰어들어 가져왔다고 한다.

이불을 뜯어 밧줄을 만들고, 그 밧줄로 몸을 묶은 후 거센 풍랑 속으로 뛰어들었지요. 우리가 배에서 부식을 받아 헤엄쳐 오면 독도경비대원들은 그 밧줄을 끌어당기면서 우리를 도왔어요. 장정들이 얼마나 마음이 급했는지 바닷가로 다 나왔는데도 계속 끌어당기는 바람에 바위의 굴껍질에 긁혀 상처가 많이 나서 고생했어요.

- 김순하 해녀

해녀들은 자신을 돌보지 않고 풍랑 속에 뛰어들어 부식을 조달했다. 먹을 것이 부족하고, 지루하고 고된 독도 생활에 생명을 불어넣은 것은 제주해녀였다. 그렇게 해녀들과 경비대원들은 서로를 반갑게 맞이하고 도움을 주는 동거동락의 관계였다.

1954년 독도 경비 막사를 지을 때 바다에 떨어뜨린 통나무를 밀어주며 큰 도움을 준 것도 해녀들이었다. 김순하 해녀는 통나무를 물가로 옮기며 "앞으로 제주해녀들도 독도를 지키는 데 참여했다고 하겠구나"라며 국토수호에 보탬을 준 자신을 자랑스러워했다.

독도경비대는 바다 순찰과 경비뿐 아니라 해녀들의 안전까지 관리하였으나 해녀들의 도움이 없었다면 생활이 순탄치 않았을 것이다. 해녀들이 독도 경비선을 이용하고 경찰들이 해녀들의 도움을 받은 것은 어려움을 함께 겪은 우정에서 관행처럼 묵인된 것이었다.

독도의 신령과 즐거움

　독도는 화산섬으로 풍화작용이 심해 갈매기가 날아오르거나 바람이 불면 돌이 떨어지기도 한다. 독도 등대 앞에는 경비 중 순직한 허학도 대원을 비롯해 보급품 수송 중 풍랑으로 추락한 대원들의 위령비가 세워져 있다.

　그러나 해녀 중에는 어로 활동을 하면서 목숨을 잃거나 다친 해녀가 없었다. 벼랑 아래로 돌이 떨어져 솥이 깨져도 해녀를 피해 떨어졌다. 태풍이 몰아쳐 파도가 미역을 쓸어가도 해녀들은 무사했다. 갈매기알을 주우러 산에 올라가도 떨어지거나 다친 해녀가 없었다.

　독도가 한국 땅이 분명한 이유를 해녀들은 해녀의 안전과 염원을 들어주는 독도의 신이 살고 있기 때문이라고 말한다. 독도의 신령이 물과 어장을 내어주어 신비로운 기운에 해녀들은 활력이 넘쳤고, 언제나 물골신에 제사만 지내면 신기할 정도로 물이 콸콸 흘러넘쳤다.

> 독도는 분명히 우리나라 땅이야. 우리가 제사 지내면 물이 철철 넘어요. 거 희한해.
>
>   - 박부자 해녀

물골에서 제사를 지내면 갑자기 물이 솟았다. 독도 신령이 있어서 섬 꼭대기에서 돌이 떨어져도 다친 해녀가 없었고, 조봉옥 해녀의 시아버지가 아기를 업고 다녀도 무사했고. 아기는 아프지 않고 잘 자랐다. 해녀들은 신령한 수호신이 살고 있다고 믿었다.

> 이것이 산으로 움푹 들어간 곳이 있어. 이렇게 가려진 곳. 그런 데서 잠을 자도 돌이 떨어지지 않아. 돌이 떨어져도 사람을 피해서 떨어져, 저 멀리로. 사람 사는 곳에는 떨어지지 않아. 그러니까 신령이 있다고 했어. 우리가 갔을 때도 저 독도는 길력이 있는 산이라고 했어. 사람이 다녀도 그 돌이 사람을 피하면서 떨어졌어.
>
>   - 조봉옥 해녀

울릉도에서는 성인봉 산신을 최고의 신령으로 모신다. 성인

〈그림 5-21〉 독도에 데리고 간 여섯 살과 세 살배기 남매(박부자 해녀 제공)

봉 산신은 바다를 관장하는 용왕신이나 해신보다 높은 신령이며 바다의 안전과 울릉도인의 삶을 책임지고 있다.

　19세기 말, 울릉도 개척 명령을 받은 검찰사 이규원은 항해의 안전을 성인봉 산신께 기도했다. 항해의 안전은 바다를 관장하는 용왕신께 제사하는 것이 상례였지만 울릉도에서는 성인봉 산신께 제사를 지냈다. 이규원은 신변의 위협을 없애는 종교적 성소로 성인봉 산신을 모신 곳에서 제사하였고, 풍랑으로 선박이 유실될 위기에 처하자 산신께 기도를 드렸다. 이는 울릉도 사람들이 성인봉에서 시작된 산줄기가 사람이 살 수 있는 공간과 농토를 베풀어주고, 여기서 시작한 물이 여러 생명의 원천이 되었다는 생명 인식이었다.

독도에서는 물골신이 최고의 신령이었다. 박부자 해녀는 1975년 어린 남매를 데리고 독도에 들어갔지만 남매는 건강히 잘 자랐다. 그는 "신기해, 애들이 아프지 않고 잘 지내다 온 것이. 신비한 기운이 있는 신령이 보호해 준 덕분"이라며 감사했다. 울릉도 성인봉 산신이 울릉도 사람들에게 생명과 터전을 준 것처럼, 독도의 신령은 해녀들에게 맑은 물과 풍요로운 어장을 선사하였다.

된장과 밥으로 생활하던 해녀들의 잔칫날은 물골에 제사를 지내는 날이다. 통돼지 한 마리로 제사를 지내고 나면 즐거운 잔치가 시작됐다. 맛있는 음식을 먹으며 서로를 바라보면 노동이 주는 피로가 어느덧 사라진다.

참고문헌

논문 및 보고서

김경도, 2021, 「독도의용수비대 해산 이후 대원들의 독도 수호 활동」, 『독도연구』 31.

김도현, 2015, 「울진과 울릉도 지역 마을신앙의 관계성 검토」, 『울진 대풍헌과 조선시대 울릉도·독도의 수토사』, 선인.

김수희, 2011, 「개척령기 울릉도와 독도로 건너간 거문도 사람들」, 『한일관계사』 제38집.

_____, 2007, 「일제시대 남해안어장에서 제주해녀의 어장 이용과 그 갈등 양상」, 『지역과 역사』 21.

_____, 2011, 「'죽도의 날' 제정 이후 일본의 독도 연구 동향」, 『독도연구』 17.

_____, 2011, 「독도와 울릉도를 둘러싼 러·일의 각축과 조선의 대응」, 『독도연구』 10.

_____, 2012, 「독도 어장과 제주해녀」, 『대구사학』 109.

_____, 2014, 「나카이 요자부로(中井養三郎)와 독도 강점」, 『독도연구』 17.

_____, 2014, 「일본식 오징어어업의 전파 과정을 통해서 본 울릉도 사회의 변화과정」, 『대구사학』 115.

김윤배·김점구·한성민, 2011, 「독도의용수비대의 활동 시기에 대한 검토」, 『내일을 여는 역사』 43.

김호동, 2010, 「독도의용수비대 정신 계승을 위한 제안」, 『독도연구』 9.

민윤숙, 2018, 「경북지역 해녀들의 물질 방식의 분화와 발전」, 『실천민속학연구』 31.

박병섭, 2014, 「1953년 일본 순시선의 독도 침입」, 『독도연구』 17.

_____, 2015, 「광복 후 일본의 독도 침략과 한국의 수호 활동」, 『독도연구』 18.

이태우, 2022, 「독도의용수비대 활동의 주민생활사적 의미」, 『독도연구』 32.

_____, 2023, 「1947년 조선산악회 울릉도·독도 학술조사단의 독도 조사활동과 성과」, 『독도연구』 34.

정태상, 2019, 「거문도인의 조업」, 『독도연구』 27.

주중철, 2018, 『독도인 코리아』, 서경.

한석근, 2016, 「독도와 울산의 해녀사」, 『향토사보』 27.

홍성근, 2022, 「1947년 조선산악회의 울릉도 학술조사대 파견 경위와 과도정부의 역할」, 『영토해양연구』 23.

정부 간행물

경우장학회, 1995, 『국립경찰50년사』.

문화재청 국립무형유산원, 2022, 『해조류 채취와 전통어촌공동체』, 파츠스튜디오.

외무부 정무국, 1955, 『독도문제개론』.

단행본

가와카미 겐조(川上健三)·권오엽 역, 2010, 『일본의 독도 논리-竹島の歷史地理學的硏究-』, 동아인쇄.

강대원, 2001, 『제주잠수권익투쟁사』, 제주문화.

경상북도, 2009, 『독도를 지켜온 사람들』.

김남일, 2022, 『미역인문학』, Human&Books.

김호동, 2007, 『독도·울릉도의 역사』, 경인문화사.

_____, 2012, 『영원한 독도인 최종덕』, 경인문화사.

독도연구보전협회, 2000, 「戰艦新高行動逸志」, 『독도영유권 자료의 탐구』 3,

187쪽.

사단법인수우회, 1987, 『현대한국수산사』.

송병기, 2007, 『울릉도와 독도』, 단국대학교출판부.

이용원, 2014, 『독도의용수비대』, 범우사.

정병준, 2010, 『독도 1947』, 돌베개.

정태상, 2020, 『독도 문제의 진실』, 만권당.

홍순칠, 1997, 『이 땅이 뉘 땅인데!: 독도의용수비대 홍순칠 대장 수기』, 혜안.

「日本海焦點竹島上陸記」, 『日本海新聞』(1954.6.3.), 鳥取縣立圖書館所藏.

田村淸三郞, 2011(복간판), 『島根縣竹島の新硏究』, 島根縣總務部總務課.

下啓助·山脇宗次, 1905, 『韓國水産業調査報告』, 農商務省水産局.

문서번호 019-01, 佐鎭機密第7號ノ 49, 「竹島海驢漁獵者腐敗海驢投棄ニテ投棄方法嚴達及照會寫」, '佐世保鎭守府司令長官이 島根縣知事에게', 1905.7.4(島根縣總務部總務課所藏), 『「秘」竹島』, 1905~1908.

찾아보기

ㄱ

가이바섬(カイバ島) 208, 211
가제바위 159, 212, 213, 218
간권 21
간다 요시타로(神西由太郞) 87
간이주택 198, 201, 203
감곽 93
강정랑 141, 142, 169~172, 178
강치 37~39, 49, 77, 89, 94, 96, 119, 122, 166, 207~216
겸 21, 22
경비대원 124, 127, 136, 163, 165, 174, 176, 178, 182, 183, 197, 211, 213, 215~220, 222, 223, 226~228
경비선 43, 57, 192, 218, 219, 227~229
경비초소 60, 62, 136, 143, 174, 223, 226, 227
고두열 219
고무옷 21, 23, 24
고순자 202
고정순 102, 134, 137
공동 어장 98, 109, 110, 117, 118
공동어업권 55, 89, 109, 110, 117, 189, 211
공매 98, 148, 186
곽암 92, 98
곽이 93
곽전 92
괴불나무 122
국가중요어업유산 21, 27
국립경찰 50년사 63
국조보감 93
김공자 113, 125, 126, 213, 214, 224, 228
김순하 31, 138, 228, 229
김영자 192
김윤삼 94~96
김인갑 187, 188
김호동 65, 66

ㄴ

나바리 25
나잠 18, 21
나잠어업 18, 21, 24, 90
나잠어업인 25, 26

나카이 요자부로(中井養三郎) 120~122,
　208~211
남녀규제법 222
니타카호(新高號) 119, 120
니혼카이신문(日本海新聞) 69, 72, 74,
　172, 198, 199

ㄷ

다시마 18, 87
다이센 56, 57, 68, 69, 71, 76~78
다케시마 39, 46, 53, 70, 71, 88, 89,
　135
다케시마 시찰 88, 89
담수 119, 122
대구시보 37
독도경비명령 60, 66
독도방위대책위원회 64
독도어민보호시설 128
독도어민 숙소 145
독도의용수비대 6~8, 32, 50, 53, 61,
　62, 64~69, 71, 72, 110~112, 115,
　117, 147, 172, 175, 178, 182, 187,
　188, 192, 200, 207, 215, 217, 219,
　220, 222
독도의용수비대지원법 64
독도자위대 64
독도조난어민위령비 44, 45
독도폭격사건 42, 44, 55, 139

독도해녀 6, 7, 9~11, 29, 32, 148,
　204
돌미역 21, 25
돌섬 95, 96
동국문헌비고 207
두렁박 22, 79, 188, 191
등대 58, 60~62, 230
떼배 21, 96, 104, 105, 151, 152
떼배 돌미역 채취 어업 21

ㄹ

리앙쿠르트암 40

ㅁ

마을어장 18, 28, 109, 110, 186
망사리 22, 25, 90, 91, 108, 188
맥아더라인 35, 39, 55
몽돌해변 10, 71, 73, 81, 120, 121,
　185, 198~200
무라야마 지준(村山智順) 94
문영국 43
물개 146, 164, 166, 214~216, 223
물골 38, 64, 102, 112, 114, 115, 120,
　122~125, 127~129, 134, 140,
　148, 169, 171, 172, 189, 197~203,
　206, 212, 214, 217, 230, 231, 233
물골신 125, 230, 233

물소중이 11, 21~23
물옷 23
물질 17, 18, 21, 22, 24, 27, 28, 125, 134, 137, 159, 162, 166~168, 177, 179~182, 186, 188
미군 소청위원회 40
미역채취권 111, 112
미역채취당 8, 112
민국일보 94~96

ㅂ

바닷말류 숲 85~87
박부자 126, 127, 202, 206, 213~233
박옥랑 99, 102, 103, 105~108, 123, 136, 139, 140, 143~151, 154, 156, 157, 158, 161, 164, 165, 166, 171
박제순 47
방종현 47
변학봉 53
보물섬 7, 71, 75, 99, 142
보합제 189, 192
봉수망 68, 75
분곽 93
뻘대어업 21

ㅅ

사공 91, 99, 141, 144, 147, 161, 162, 171, 175, 176, 182, 183, 187, 189~192, 214
사곽 93
상이군인 72~74, 79, 172, 183, 188, 189
서기종 64, 172, 178, 219
소용돌이 87
송경숙 99~101, 116, 212
송석하 47
수산어업법 18, 98, 105
순경 59, 60, 123, 127, 143, 157, 174, 175, 177, 182, 183, 223, 228
순라반 59, 63
순시선 6, 8, 11, 50, 52, 53, 55, 59, 60, 63, 133, 136, 144~146, 148, 161, 164, 172
스쿠버 장비 18
시마네마루[島根丸] 52, 56, 57, 133
시마네현 어업 단속 규칙 37
신경준 207
신석호 47, 49
심흥택보고서 47
쓰지 도미조[辻富蔵] 38, 39

ㅇ

야하타 조시로[八幡長四郎] 39
양경출 108
양봉진 86, 71, 172

어기 92
어민 숙소 11, 117, 201, 202, 206
어업공동체 27, 28
어전 92
어조 92
어촌계 105, 109, 110, 116, 117
연합국 최고사령관 지령(SCAPIN) 제
　1033호 35, 36
연합국 최고사령관 지령(SCAPIN) 제
　677호 35, 36
연합국 최고사령부 35, 36
영토 표지판 47, 53, 60, 71
예채 21, 22
예취 21, 22
오징어 35, 40, 69, 85, 102, 103, 107,
　149, 151, 154, 158, 179
오쿠무라 헤이타로(奥村平太郎) 89, 211
우뭇가사리 18, 25, 97, 98, 186
울릉도출어부인기념비 28, 29~32
윌리엄 딘(William F. Dean) 40
윌리엄 제이 시볼트(William J. Sebald) 46
유네스코 25, 27
이가와(井川) 87
이규원 94, 232, 233
이만룡 53
이명래 47
이시바시 마쓰타로(石橋松太郎) 122
이쓰팬 160
이춘양 102, 106, 107, 134, 139, 142,
　174
이케다 고이치(池田幸一) 39
이필영 192
인광 39
인류무형문화유산 25, 27
인접 해양에 대한 주권에 관한 선언
　66
임복녀 164, 165, 174~177, 187
임영자 199, 200
임화순 179, 184, 189~191
입어 97, 98, 105, 118

ㅈ

잠비 23
잠수기어업 108, 117, 206
잠수부 18, 117
장부자 31, 223~225
장순호 138
재향군인회 62~64, 201
전마선 68, 70, 71, 77~79
전복 17, 18, 25, 40, 41, 72, 79, 85,
　87~90, 96, 105, 108, 108, 117, 139,
　140, 142, 146, 152, 156, 157, 159,
　160, 163, 164, 075, 189, 211, 222
정무출 53
정복룡 53
정성구 53
정원도 53, 64, 68, 71, 112, 115, 172,

200, 219
정원준 53
제주해녀 18, 27, 73, 90, 97~99, 108, 112, 117, 133~135, 148, 151, 185, 197, 223, 229
조개 패총 17
조곽 93
조봉옥 91, 123, 178~185, 187, 190, 191, 199, 231
조선산악회 46, 48, 49
죽도도해금지령 70
죽도도해면허 69
죽방렴어업 21
진자이 요시타로(神西由太郞) 47, 48

ㅊ

최종덕 9, 108, 117, 118, 126, 128, 201, 202, 206

ㅍ

평화신문 41
폭격훈련장 52
표주 6, 39, 55~57, 71, 75, 78

ㅎ

하마다 쇼타로(浜田正太郞) 39
하시오카 다다시게(橋岡忠重) 39
하차진 64, 172
한길찬 38
한복만 188, 189, 198, 199, 214, 215, 217
해구신(海狗腎) 212
해녀공덕비 32
해삼 18, 25, 85, 105
허가어업 108, 109
헤쿠라 56~60, 63
협재 105, 154, 165, 178
협재마을 28, 174
협재해녀 32, 136, 163, 180, 188, 199
홍성국 63
홍순칠 32, 50, 63, 64, 110~112, 115, 123, 124, 148, 153, 164, 165, 167, 169~181, 183, 184, 187, 211, 212, 222
홍재현 48~50
홍합 18, 85
화랑호 219, 220, 227
황영문 64, 215, 216, 219, 222, 227

동북아역사재단 교양총서 31

독도해녀

제1판 1쇄 발행일 2023년 12월 27일

지은이 김수희
발행인 이영호
발행처 동북아역사재단

출판등록 제312-2004-050호(2004년 10월 18일)
주소 서울시 서대문구 통일로 81 NH농협생명빌딩
전화 02-2012-6065
팩스 02-2012-6186
홈페이지 www.nahf.or.kr
제작·인쇄 니케북스

ISBN 979-11-7161-056-3 04910
　　　978-89-6187-406-9 (세트)

* 이 책은 저작권법으로 보호를 받는 저작물이므로 어떤 형태나 어떤 방법으로도 무단전재와 무단복제를 금합니다.
* 책값은 뒤표지에 있습니다. 잘못된 책은 바꾸어 드립니다.